"碳中和多能融合发展"丛书编委会

主　编：

刘中民　中国科学院大连化学物理研究所所长/院士

编　委：

包信和　中国科学技术大学校长/院士

张锁江　中国科学院过程工程研究所研究员/院士

陈海生　中国科学院工程热物理研究所所长/研究员

李耀华　中国科学院电工研究所所长/研究员

吕雪峰　中国科学院青岛生物能源与过程研究所所长/研究员

蔡　睿　中国科学院大连化学物理研究所研究员

李先锋　中国科学院大连化学物理研究所副所长/研究员

孔　力　中国科学院电工研究所研究员

王建国　中国科学院大学化学工程学院副院长/研究员

吕清刚　中国科学院工程热物理研究所研究员

魏　伟　中国科学院上海高等研究院副院长/研究员

孙永明　中国科学院广州能源研究所副所长/研究员

葛　蔚　中国科学院过程工程研究所研究员

王建强　中国科学院上海应用物理研究所研究员

何京东　中国科学院重大科技任务局材料能源处处长

"十四五"国家重点出版物出版规划项目

国家出版基金项目
NATIONAL PUBLICATION FOUNDATION

碳中和多能融合发展丛书

刘中民　主编

预热燃烧原理及技术

吕清刚　朱建国　欧阳子区　朱书骏　著

科　学　出　版　社
龙　门　书　局
北　京

内 容 简 介

预热燃烧技术是一种新型清洁高效燃烧技术，可广泛应用于煤粉及其他粉体燃料，具有稳燃特性好、NO_x排放低和负荷调节灵活等优势。本书系统整理和归纳总结了作者十多年来在预热燃烧原理及技术方面的研究成果，主要内容包括绪论、流态化预热改性机制、预热燃料燃烧机制、煤氮析出转化特性及超低NO_x排放控制、预热燃烧技术工业应用。

本书可供能源动力工程、环境工程、工程科学及锅炉和窑炉应用领域的科研教学、工程技术和管理人员参考，也可作为热能工程、工程热物理、环境工程和化工等领域的研究生和高年级本科生的参考用书。

图书在版编目(CIP)数据

预热燃烧原理及技术 / 吕清刚等著. —北京：龙门书局，2024.6
（碳中和多能融合发展丛书）
国家出版基金项目
ISBN 978-7-5088-6369-6

Ⅰ. ①预… Ⅱ. ①吕… Ⅲ. ①预热–燃烧技术 Ⅳ. ①TK16

中国国家版本馆 CIP 数据核字(2023)第 245899 号

责任编辑：吴凡洁　王楠楠 / 责任校对：崔向琳
责任印制：师艳茹 / 封面设计：有道文化

科 学 出 版 社
龙 门 书 局 出版
北京东黄城根北街 16 号
邮政编码：100717
http://www.sciencep.com

涿州市般润文化传播有限公司印刷
科学出版社发行　各地新华书店经销
*
2024 年 6 月第 一 版　开本：787×1092　1/16
2024 年 6 月第一次印刷　印张：12 3/4
字数：299 000
定价：168.00 元
（如有印装质量问题，我社负责调换）

2020 年 9 月 22 日，习近平主席在第七十五届联合国大会一般性辩论上发表重要讲话，提出"中国将提高国家自主贡献力度，采取更加有力的政策和措施，二氧化碳排放力争于 2030 年前达到峰值，努力争取 2060 年前实现碳中和"。"双碳"目标既是中国秉持人类命运共同体理念的体现，也符合全球可持续发展的时代潮流，更是我国推动高质量发展、建设美丽中国的内在需求，事关国家发展的全局和长远。

要实现"双碳"目标，能源无疑是主战场。党的二十大报告提出，立足我国能源资源禀赋，坚持先立后破，有计划分步骤实施碳达峰行动。我国现有的煤炭、石油、天然气、可再生能源及核能五大能源类型，在发展过程中形成了相对完善且独立的能源分系统，但系统间的不协调问题也逐渐显现，难以跨系统优化耦合，导致整体效率并不高。此外，新型能源体系的构建是传统化石能源与新型清洁能源此消彼长、互补融合的过程，是一项动态的复杂系统工程，而多能融合关键核心技术的突破是解决上述问题的必然路径。因此，在"双碳"目标愿景下，实现我国能源的融合发展意义重大。

中国科学院作为国家战略科技力量主力军，深入贯彻落实党中央、国务院关于碳达峰碳中和的重大决策部署，强化顶层设计，充分发挥多学科建制化优势，启动了"中国科学院科技支撑碳达峰碳中和战略行动计划"（以下简称行动计划）。行动计划以解决关键核心科技问题为抓手，在化石能源和可再生能源关键技术、先进核能系统、全球气候变化、污染防控与综合治理等方面取得了一批原创性重大成果。同时，中国科学院前瞻性地布局实施"变革性洁净能源关键技术与示范"战略性先导科技专项（以下简称专项），部署了合成气下游及耦合转化利用、甲醇下游及耦合转化利用、高效清洁燃烧、可再生能源多能互补示范、大规模高效储能、核能非电综合利用、可再生能源制氢/甲醇，以及我国能源战略研究等八个方面研究内容。专项提出的"化石能源清洁高效开发利用"、"可再生能源规模应用"、"低碳与零碳工业流程再造"、"低碳化、智能化多能融合"四主线"多能融合"科技路径，为实现"双碳"目标和推动能源革命提供科学、可行的技术路径。

"碳中和多能融合发展"丛书面向国家重大需求，响应中国科学院"双碳"战略行动计划号召，集中体现了国内，尤其是中国科学院在"双碳"背景下在能源领域取得的关键性技术和成果，主要涵盖化石能源、可再生能源、大规模储能、能源战略研究等方向。丛书不但充分展示了各领域的最新成果，而且整理和分析了各成果的国内国际发展情况、产业化情况、未来发展趋势等，具有很高的学习和参考价值。希望这套丛书可以为能源领域相关的学者、从业者提供指导和帮助，进一步推动我国"双碳"目标的实现。

中国科学院院士

2024 年 5 月

序

燃烧是物质转化和能量释放的重要方式，燃烧过程涉及流动、反应、传热和传质等基本问题。经过近百年的持续发展，我们对于燃烧的理解，已经完成了从实验科学到实验与理论相结合的科学体系的转变，形成了以燃料着火、火焰传播、燃尽及污染物形成等为重要内容的燃烧理论，建立了流体力学和化学相结合的燃烧模型和数值计算体系。针对不同的能源与动力装置，一批以清洁高效为特征的先进燃烧技术持续开发，并已经在电力、化工、冶金、交通和航天航空动力装置等行业广泛应用。在能源转型、"双碳"目标和先进动力的要求下，燃烧技术延续着几十年的高速发展。作为我国能源安全和能源转型中不可或缺的能源，煤炭如何适应新的要求，其清洁高效低碳燃烧技术的研究仍然是国内外燃烧学者关注的重要方向。

煤的化学成分复杂，煤燃烧涉及碳、氢、氧、氮、硫的析出转化和灰分矿物质的变迁，宽负荷范围内保障煤的稳定高效清洁燃烧是一个新的挑战。吕清刚研究员领导的团队提出了一种预热燃烧技术的新思路，在国家自然科学基金、国家重点研发计划、中国科学院战略性先导专项的持续资助下，经过近二十年的攻关，在对预热燃烧基础理论分析的基础上，突破了关键技术，实现了预热燃烧技术的工业化应用。预热燃烧基于燃料改性路径，将大分子固体燃料经过剪切转化为小分子气体和内孔发达的颗粒，将煤的燃烧转化成预热煤气的燃烧和预热焦炭的燃烧两个阶段。预热燃料温度高于800℃，保障了预热燃料稳定燃烧。结合预热脱氮和炉内深度分级配风，控制了煤氮迁移转化路径，实现了低 NO_x 生成。中国的煤炭消耗量仍未达到峰值，且 80% 的煤炭通过燃烧进行利用，研发煤的高效清洁燃烧技术对促进洁净煤技术的发展和燃煤装备的升级具有积极意义。

该书系统介绍了预热燃烧原理及技术，涵盖了技术发展需求、流态化预热改性机制、预热燃料燃烧机制、煤氮析出转化特性、超低 NO_x 排放控制以及预热燃烧技术在工业锅炉、电站锅炉和工业窑炉的应用，阐明了预热燃烧可实现高效燃烧和低 NO_x 排放的相互协同，并提出了燃烧精准调控的基本思想。

本书的新思路、研究结果和工业应用成果不仅可为从事煤炭高效清洁燃烧与转化的科研机构、大学和相关企业提供有益的借鉴和参考，也可以为其他从事燃烧理论和技术研究的广大科技工作者提供参考。

2024 年 3 月

前言

中国的能源资源特点是富煤、贫油、少气，煤炭是中国能源的基石。2021年，中国煤炭消耗量为29.4亿t，煤炭消耗量占一次能源消耗量的56%，其中约80%的煤炭通过燃烧进行利用。2030年前，煤炭消耗总量仍将持续增加。煤炭清洁高效燃烧利用一直是国家的长期重大战略任务。

煤粉燃烧技术在工业锅炉和电站锅炉上已实现了广泛的工业应用，但煤粉锅炉仍具有煤种适应性窄、低负荷稳燃难、低负荷燃尽差和NO_x原始排放高的技术瓶颈，现有的煤粉锅炉已难以满足碳达峰碳中和目标下清洁高效灵活燃烧的发展需求。

预热燃烧技术是本书作者团队提出和开发的突破常规燃烧理念的新型煤粉清洁高效燃烧技术。该技术采用燃料流态化预热改性和热改性燃料炉内高效低氮燃烧组织的革新方法，可实现煤粉锅炉的清洁高效灵活燃烧。作者团队经过十多年的潜心研究开发，较系统地揭示了预热燃烧的基本原理，开发了预热燃烧关键技术及装备，实现了预热燃烧技术工程应用。

本书系统总结了预热燃烧技术的研发成果，全书共5章，主要章节安排如下。

第1章介绍煤粉燃烧技术的发展现状、技术瓶颈和重大需求，阐述预热燃烧的基本原理和核心技术特征，提出预热燃烧技术是实现煤炭清洁高效燃烧利用的有效手段。

第2章介绍流态化预热改性机制，阐述颗粒在流态化预热的流动和分离特性、流态化预热过程中煤向煤气和焦炭的转化行为及影响规律，揭示流态化预热促进燃料改性的内在机制，形成提高燃料反应活性的控制方法。

第3章介绍预热燃料燃烧机制，阐述由热煤气和热焦炭组成的预热燃料燃烧的火焰特性和温度分布特征，分析预热燃料燃烧中的固相转化特性和气相生成特性，提出实现预热燃料高效燃烧的方法。

第4章介绍预热燃烧过程中煤氮析出转化特性及超低NO_x排放控制，阐述流态化预热中煤氮的析出特性、转化行为和影响规律，以及预热燃料燃烧过程中的NO_x生成特性和影响因素，提出预热燃烧煤氮定向转化及超低NO_x排放控制方法。

第5章介绍预热燃烧技术工业应用，阐述预热燃烧关键技术及核心设备的技术特征，介绍采用预热燃烧技术的锅炉技术方案及实际运行效果，展望预热燃烧技术在电站锅炉和工业窑炉的应用前景。

本书由吕清刚确定内容框架并定稿，由吕清刚、朱建国、欧阳子区、朱书骏共同撰写完成，其中第1章由吕清刚和朱建国撰写，第2章和第3章由朱书骏撰写，第4章由欧阳子区撰写，第 5 章由欧阳子区和朱建国撰写。本书是作者团队十多年来研究成果的总结和提炼，撰写成稿过程中，得到了团队其他同事和同学的大力支持和协助，他们是曾雄伟、刘敬樟、丁鸿亮、刘玉华、苏坤、惠吉成、张孝禹，在此向他们表示衷心的感谢。

本书的出版得到了中国科学院战略性先导科技专项"变革性洁净能源关键技术与示范"的资助，在此表示感谢。预热燃烧技术是原创性的燃烧技术，其发展和应用仍在持续创新中，书中难免存在一些不足和疏漏，热切希望读者和同行专家提出宝贵的意见和建议，在此表示诚挚的感谢。

吕清刚

2023 年 10 月

目录

第 1 章

绪　　论

　　能源是人类生存和发展的保障，是人类文明进步的基础和动力，关乎国计民生、工业生产和国家安全。作为全球最大的能源消费国，如何有效保障国家能源安全、有力保障国家经济社会发展，始终是我国能源发展的首要问题。

　　我国严重依赖化石能源，煤炭在未来很长一段时期仍是我国的主体能源，2021 年，我国煤炭消耗量为 29.4 亿 t[1]，煤炭消耗量占一次能源消耗量的 56%，其中 80% 的煤炭通过燃烧用于发电、供热或工业生产，煤炭高效清洁燃烧技术的发展对国家能源安全、环境安全和长期可持续发展具有重大作用和深远影响。然而，尽管煤粉燃烧技术历经数十年研发，但仍然面临宽负荷稳燃难、低负荷能耗高和 NO_x 原始排放高的技术瓶颈[2]。此外，燃煤锅炉深度灵活调峰技术成为支撑国家能源结构转型、完成"双碳"目标的核心技术。预热燃烧技术是在突破常规燃烧技术瓶颈的基础上提出和发展的一种全新燃烧技术，具有煤种适应性宽、稳燃性能好、NO_x 排放低和负荷调节速率快的性能优势，预热燃烧技术的工业应用将推动煤炭高效清洁燃烧技术的发展。

1.1　煤粉燃烧技术发展需求

　　中国煤种资源丰富，包括烟煤、无烟煤和褐煤，挥发分含量在 0%～35% 变化[3]，煤的着火、稳燃、燃尽和 NO_x 排放特性差别较大。宽负荷范围的稳定、高效、清洁和灵活燃烧是煤粉燃烧技术发展的目标。

1.1.1　稳燃技术及需求

　　目前，已形成的稳燃机制主要有三种：①提高煤粉质量浓度，降低煤粉气流着火热，主要用于四角切圆燃烧锅炉；②强化煤粉射流卷吸高温烟气量，提高煤粉气流加热速率，主要用于对冲燃烧锅炉；③提高燃烧温度，降低煤粉细度，主要用于低挥发分难燃燃料的燃烧，如 W 型火焰锅炉。

　　浓淡分离是调节煤粉气流质量浓度的主要技术，已广泛应用于四角切圆燃烧锅炉[4]。来流煤粉经浓淡分离装置后分为质量浓度较高的浓侧煤粉(富燃料区)和质量浓度较低的淡侧煤粉(贫燃料区)，浓侧煤粉因燃料浓度高，易于实现着火和稳定燃烧。

　　浓淡分离技术包括垂直浓淡分离技术和水平浓淡分离技术，垂直浓淡分离技术是沿高度方向通过弯管的惯性分离等形成浓侧煤粉和淡侧煤粉，水平浓淡分离技术是沿平面方向通过百叶窗浓缩器等将气流分成浓侧煤粉和淡侧煤粉，水平浓淡分离的浓侧煤粉喷入锅炉向火侧，保障稳定着火。

其他的浓淡分离包括弯管分离、挡板分离、旋风分离、钝体分离等多种措施，为强化稳燃，也可应用垂直浓淡分离技术和水平浓淡分离技术的组合技术。

浓度分离稳燃技术主要适用于高挥发分、易着火的烟煤，若喷入炉内的冷煤粉未能及时接受高温烟气的加热，其单纯依靠提高煤粉浓度的方法依然不能实现稳定燃烧。目前看来，采用浓淡分离稳燃的四角切圆燃烧锅炉中，其最低稳燃负荷一般高于40%，无法在40%负荷以下实现不投油稳定燃烧。

烟气回流稳燃技术主要是依靠旋流燃烧器的一次风和二次风流场，炉膛内形成回流区，卷吸炉内高温烟气，加热煤粉，实现煤粉的稳定燃烧[5]。旋流燃烧器主要用于锅炉对冲燃烧，旋流燃烧器布置在炉膛前墙和后墙。

一、二次风气流在燃烧器中单独或同时旋转，在出口形成旋转射流，产生回流区的燃烧器称为旋流式燃烧器，其特点在于旋转射流不仅有轴向速度、径向速度，还有切向速度。流场中产生的回流区中，轴向速度是反向的，旋转强度越大，回流区尺寸也越大。切向速度衰减很快，轴向速度衰减相对较慢，但比直流射流的衰减快得多。因此在同样的初始动量下，旋转射流射程短，旋转射流的扩展角比直流射流大，旋转射流中的一、二次风混合强烈。

旋流燃烧器主要包括蜗壳式旋流燃烧器、轴向叶片旋流燃烧器和径向叶片旋流燃烧器。蜗壳式旋流燃烧器有单蜗壳型和双蜗壳型。单蜗壳旋流燃烧器为二次风通过蜗壳产生旋转气流，一次风经过中心直流射出，不旋转。一次风中心管出口设有扩锥，一次风出口中心形成回流区。双蜗壳旋流燃烧器的一次风和二次风均通过各自的蜗壳形成旋转射流。轴向叶片旋流燃烧器和径向叶片旋流燃烧器均利用叶片导向使气流产生旋转，煤粉喷口处形成回流区，卷吸高温烟气热量，促进煤粉着火和稳定燃烧。

但旋流燃烧器的回流区形状控制和表征较为复杂，煤粉在烟气回流区的加热份额、加热程度以及负荷变化对回流区加热的影响至今尚未有系统深入的研究和完整的阐释。旋流燃烧器仅能用于挥发分含量较高的烟煤的稳定燃烧，且低负荷条件下，旋流燃烧器的稳燃能力进一步降低，常需要辅助燃料如柴油等伴随燃烧。

对于低挥发分燃料，如无烟煤，常采用提高燃烧温度的方法实现稳燃。无烟煤占中国煤炭资源储量的17%[1]，且贵州、福建等区域以无烟煤为主。无烟煤内部结构致密、着火点高、燃尽难，无烟煤的燃烧主要为焦炭颗粒的固相燃烧，燃烧反应速率低。目前，国内外主要采用W型火焰锅炉实现低挥发分无烟煤的燃烧。

W型火焰锅炉分为上下炉膛两个部分，下炉膛为主燃区，上炉膛为燃尽区，主燃区炉膛深度大于燃尽区，因而在上下炉膛衔接处形成拱结构，煤粉、乏气与部分二次风从拱顶自上而下喷入下炉膛，其余二次风由前后墙风口送入炉膛。煤粉着火后火焰向下延伸，经前后墙二次风火焰偏折向上，燃烧产物进入上炉膛燃尽区。拱顶向下喷入的煤粉气流在主燃区经高温烟气回流快速加热至着火点，有利于煤粉点燃；煤粉气流向下流动一段时间后向上偏折，延长火焰行程和煤粉在主燃区的停留时间，有利于煤粉燃尽。W型火焰锅炉的燃烧温度高于1500℃，其高温燃烧是保障低挥发分无烟煤着火和稳燃的主要方式。

但 W 型火焰锅炉因炉内燃烧温度高，会生成大量热力型 NO_x。W 型火焰锅炉的 NO_x 原始生成浓度多高于 1000mg/m³[6]，即便锅炉尾部采用了选择性非催化还原(SNCR)和选择性催化还原(SCR)，燃用无烟煤的 W 型火焰锅炉依然无法实现超低 NO_x 排放限值。更困难的是，锅炉负荷降低时，因炉内温度降低，无烟煤不能稳定燃烧。

可见，现有的煤粉稳燃技术还无法突破锅炉低负荷稳定燃烧的技术难题，实现燃煤锅炉稳定着火尤其是宽负荷范围、宽煤种条件的稳定着火，是煤炭高效清洁燃烧技术发展的首要需求。

1.1.2 NO_x 排放控制技术及需求

氮氧化物(NO_x)是引发大气雾霾的重要原因，是大气环境的主要污染物。国家对燃煤电站锅炉、燃煤工业锅炉和燃煤工业窑炉均严格控制了 NO_x 排放限值，其中燃煤电站锅炉的 NO_x 排放限值低于 50mg/m³[7]，即执行超低 NO_x 排放限值，是全球最严的 NO_x 排放标准。

针对燃煤电站锅炉，主要的脱硝技术包括低氮燃烧器、空气分级配风技术、燃料分级技术、烟气再循环技术、SNCR 和 SCR。其中，SNCR 和 SCR 属于先生成后治理的尾部烟气治理技术，即通过向炉内喷入氨水或尿素溶液，在催化剂的作用下，NO_x 发生还原反应，分解 NO_x 为 N_2，从而达到脱硝的目的。但 SNCR 反应温度窗口为 800~950℃，SCR 反应温度窗口为 380~420℃[8]，若炉内温度偏离反应温度窗口，则尾部脱硝率极低，且大量的氨逃逸腐蚀尾部受热面的同时造成大气环境二次污染。锅炉低负荷运行时，SNCR 和 SCR 均偏离了反应区间。因此，宽负荷范围的脱硝或宽负荷范围的超低 NO_x 排放是燃煤锅炉面临的又一项重大挑战。

通过燃烧路径调控，即源头控制，抑制煤氮向 NO_x 的转化，实现低/超低 NO_x 原始排放，减少 SNCR 和 SCR 脱硝成本，是燃煤锅炉低 NO_x 排放技术发展的关键。目前，炉内常用的低 NO_x 燃烧技术包括空气分级燃烧技术、燃料分级燃烧技术和烟气再循环技术。

空气分级燃烧是在主燃区大幅度降低 NO_x 排放的燃烧技术，起源于 20 世纪 20 年代的美国，至今仍是被普遍接受与应用的低 NO_x 燃烧技术，NO_x 减排效果可以达到 30%~50%[9, 10]。空气分级燃烧分为主燃区和燃尽区。主燃区为贫氧富燃料燃烧，在还原性气氛下，煤粉在该区域的燃烧温度和反应速率放缓，煤粉在还原性气氛下燃烧时，部分析出煤氮的中间产物如 HCN、NH_3 或 NO_x 等发生与可燃气体如 CO、H_2 和 CH_4 或与焦炭的还原反应，煤氮向 N_2 发生转化。未燃烧的可燃气体和部分焦炭等在燃尽区与氧气发生反应直至燃尽。

目前的燃煤锅炉基本全部采用空气分级燃烧技术，但烟煤锅炉的 NO_x 原始排放依然多在 300mg/m³ 以上，无烟煤锅炉的 NO_x 原始排放多在 1000mg/m³ 以上，其 NO_x 原始排放浓度高，达到超低 NO_x 排放限值的尾部脱硝代价大。

燃料分级燃烧技术又称再燃技术或三级燃烧技术。20 世纪 60 年代，Drummond[11] 研究发现 CH_4 可以在高温贫氧状态下将 NO 和 N_2O 还原为 HCN，以此理论为基础，Wendt 等[12]将 CH_4 喷入竖直管式炉的主燃区，NO_x 排放量降低约 50%。国内外众多学者研究与工业试验结果表明，燃料分级燃烧技术可以将 NO_x 排放量降低 50%～60%[13-15]。燃料分级燃烧技术的原理在于炉膛分为主燃区、再燃区和燃尽区。主燃区空气当量比大于 1，主燃燃料占比为 70%～85%，在氧化性气氛中燃烧会产生大量 NO_x；15%～30%的再燃燃料从主燃区上方喷入，形成空气当量比小于 1 的再燃区，由主燃区产生的 NO_x 与燃烧不完全产物 CO、H、C 以及 CH_i 等发生混合与反应，将 NO 还原成 N_2。燃尽区往往通入总风量的 15%～35%作为燃尽风，将未完全燃烧的产物燃尽，但在此过程中会产生少量 NO_x。由于燃料分级燃烧的主燃区保持氧化性气氛或弱还原性气氛，燃烧初期 NO_x 排放量过高，尽管再燃区可将 50%的 NO_x 还原成 N_2，但总体上 NO_x 排放量偏高。工程运行表明，采用燃料分级燃烧技术的锅炉的 NO_x 排放量一般在 200～400mg/m^3[16-18]。

最早的燃料分级燃烧技术的再燃区多采用天然气作为再燃燃料，主要原因在于 CH_4 与 NO_x 的还原反应速率高。但目前情况下，国内燃煤工业锅炉和燃煤电站锅炉中，很少应用燃料分级燃烧技术，这与燃料分级燃烧系统的复杂程度有关。

烟气再循环技术是指燃烧产生的部分烟气与氧化剂混合后再次参加燃烧过程的燃烧方式，燃煤工业锅炉普遍采用烟气再循环实现煤粉低氮燃烧。再循环烟气喷入锅炉后降低了炉内氧气的浓度，削弱了局部富氧气氛，同时降低了火焰温度，抑制了热力型和燃料型 NO_x 的生成。应用表明，烟气再循环率为 15%时，NO_x 生成量可降低 20%[10]。但烟气再循环系统将增加风机电耗，使锅炉运行成本增加。

无论是采用空气分级燃烧技术、燃料分级燃烧技术还是烟气再循环技术或相关技术的组合，其燃煤锅炉的 NO_x 原始排放都高于 300mg/m^3，燃用无烟煤锅炉的 NO_x 原始排放多在 1000mg/m^3 以上。可见，现有低氮燃烧技术距炉内直接实现超低 NO_x 原始排放的目标存在很大距离，迫切需要颠覆性技术创新和应用。

1.1.3 "双碳"目标的煤燃烧技术发展需求

2020 年 9 月，国家主席习近平在第七十五届联合国大会一般性辩论上提出，中国"二氧化碳排放力争于 2030 年前达到峰值，努力争取 2060 年前实现碳中和"。实现碳达峰碳中和，是贯彻新发展理念、构建新发展格局、推动高质量发展的内在要求。2060 年，非化石能源消费比重达到 80%以上[19]。未来可再生能源发电比例不断增加，但可再生能源具有波动性、随机性、间歇性和不稳定性，而且大规模、长周期、低成本的储能技术还未出现，迫切需要燃煤电站锅炉深度灵活调峰，以平抑可再生能源的波动性和随机性，保障中国电力的稳定、安全供给。燃煤锅炉是提升可再生能源消纳比例和促进能源转型的稳定器和压舱石，具有兜底保障作用。

目前的燃煤电站锅炉包括煤粉锅炉和循环流化床锅炉，煤粉锅炉的最低稳燃负荷约为 40%，负荷变化速率约为 1.5%/min[20]；循环流化床锅炉的最低稳燃负荷约为 30%，负荷变化速率约为 1.0%/min[21]。煤粉锅炉和循环流化床锅炉低负荷运行时，均存在煤耗高和系统经济性差的技术问题。

随着可再生能源装机容量和发电比例的增加，需要燃煤电站锅炉的调峰深度进一步降低，实现 20%超低负荷的稳定高效运行，且负荷变化速率需要明显提升。

在此背景下，迫切需要发展新的技术，支撑国家能源结构平稳、安全转型。

综上，煤炭是我国的主要能源，煤的高效清洁燃烧关系到国家能源安全、环境安全和能源转型，是国家需要迫切发展的重大技术。但煤燃烧仍然面临低负荷稳燃难、NO_x原始生成量大、NO_x脱除费用高、低负荷运行 NO_x 无法达到排放限值、煤种适应性窄、负荷变化速率慢和变负荷 NO_x 排放高等一系列问题，急需研发创新技术，促进煤炭高效清洁燃烧技术的发展和进步。

1.2 预热燃烧基本原理

预热燃烧技术是中国科学院工程热物理研究所提出的变革性燃烧技术，突破煤粉在炉内加热、着火和燃烧近似同步的常规燃烧技术路线，提出煤粉先通过高温预热实现燃料改性活化，预热改性燃料再入炉燃烧的全新技术路线。

预热燃烧的技术路线见图1-1，改变常规的煤粉直接入炉燃烧方式，一次风输送煤粉先入流态化的预热燃烧器，预热燃料喷入燃烧室与二次风和燃尽风发生燃烧反应。

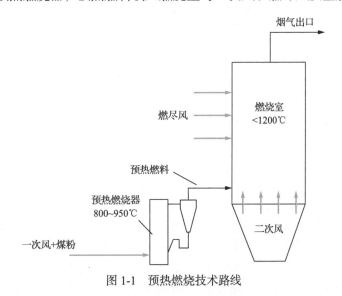

图 1-1 预热燃烧技术路线

煤粉在基于流态化原理的预热燃烧器中通过强还原性条件下高碳循环的自身部分燃烧和气化反应实现高温自持预热，煤粉预热后产生的煤气和半焦温度高于 800℃，超出燃料着火点，预热燃料从高温喷口喷入炉膛后，与空气随即发生燃烧化学反应，完全摆脱了常规的浓淡分离、烟气回流等稳燃机制，可实现超宽负荷范围的稳定高效燃烧，突破了难燃煤种或锅炉低负荷条件的稳燃技术瓶颈。

预热煤气中包括 CO、H_2、CH_4 等可燃气体，气体燃料燃烧速率快，燃烧反应需要的时间短。煤粉预热向半焦转化的过程中，半焦内孔通道打开，内孔结构丰富，半焦比表面积和内孔容积增加，半焦反应活性点位增加，半焦表面燃烧反应速率增加。而且预热燃料温度高于 800℃，预热燃料燃烧速率明显提高。煤粉入炉前在流态化预热器内改性，预热燃烧将常规煤粉的固相燃烧主导转化为气相燃烧主导，彻底改变了燃烧方式。因此，预热燃烧可实现宽负荷范围的高效燃烧。

煤粉预热在强还原性气氛下进行，预热中析出的煤氮发生向 N_2 的定向转化，预热过程的煤氮脱除率超过 50%，预热脱氮是直接实现超低 NO_x 排放的基本前提。预热燃料燃烧过程中，融合气氛、温度控制，实现预热燃料全空间柔和燃烧，预热燃料燃烧温度低于 1200℃，可消除热力型 NO_x，同时通过分级燃烧强化 NO_x 还原并进一步抑制焦炭氮向 NO_x 的转化，可直接达到超低 NO_x 排放，突破燃煤锅炉全负荷范围内 NO_x 排放高的技术瓶颈，攻克燃煤锅炉低负荷运行无法满足 NO_x 排放限值的技术难题。

预热燃料燃烧以气相燃烧为主导，燃烧反应速率大幅度提升。因此，基于预热燃烧原理开发的预热燃烧锅炉具有超低负荷稳燃和负荷变化速率快的优越特征，适应"双碳"目标下燃煤锅炉深度灵活调峰的技术需求。

1.3　预热燃烧技术应用前景

宽负荷范围的煤炭高效、清洁、灵活燃烧是洁净煤燃烧技术的发展目标，是燃煤锅炉发展和应用的迫切需求。

燃煤工业锅炉是我国轻纺工业、食品工业、化工行业、冶金工业和居民采暖的主要装备，中国燃煤工业锅炉数量约 30 万台[22]，燃煤工业锅炉类型包括链条炉、循环流化床锅炉和煤粉锅炉。链条炉为层燃方式，热效率一般低于 80%，且飞灰碳含量高，但操作简便。循环流化床锅炉具有煤种适应性宽、负荷调节范围大的优点，在工业锅炉市场中得到广泛应用，主要容量等级包括 35t/h、75t/h、130t/h 和 240t/h 的蒸汽锅炉系列，燃料范围涵盖煤、煤矸石、生物质等，但存在低负荷流化难、低负荷 NO_x 排放高和变负荷响应速率慢的问题。煤粉锅炉同样是燃煤工业锅炉的主要炉型，其蒸汽产量从 35t/h 到 690t/h，已形成系列产品，主要包括四角切圆燃烧锅炉和对冲燃烧锅炉两种，锅炉燃用的煤种多为挥发分大于 30%、热值高于 20.9MJ/kg 的优质烟煤，无法燃用低挥发分燃料，主要原因是难以克服低挥发分燃料着火、稳燃和燃尽问题，这也是煤粉锅炉急需突破的技术瓶颈。现有的煤粉锅炉 NO_x 原始排放浓度大，低负荷运行时尾部脱硝反应偏离温度窗口，NO_x 排放难以达标。预热燃烧技术若应用到燃煤工业锅炉中，可拓宽锅炉煤种适应性，增加负荷调节范围，且有望直接实现超低 NO_x 排放，降低燃煤工业锅炉运行成本，延长锅炉生产周期，促进燃煤工业锅炉行业技术升级换代。

2020 年我国发电机组装机容量为 22.02 亿 kW，火电机组装机容量为 12.46 亿 kW，其中燃煤机组装机容量为 10.79 亿 kW，燃煤机组装机容量占火电机组装机容量的 86.60%。2020 年全国发电量为 7.63 万亿 kW·h，煤电发电 4.63 亿 kW·h，煤电发电占全国总发电量的 60.68%[23]。煤粉锅炉和循环流化床锅炉是燃煤电站锅炉的主要炉型，煤粉锅炉的最低稳燃负荷约为 40%，且燃料为优质烟煤，难以具有循环流化床锅炉的宽燃料适应性特点；而循环流化床锅炉的最低稳燃负荷约为 30%，但低负荷时存在蒸汽温度不足、燃烧效率低的问题。此外，"双碳"目标下，煤粉锅炉和循环流化床锅炉的负荷变化速率均较低，无法支撑可再生能源电力的高比例消纳。预热燃烧技术若应用于燃煤火力发电，拓宽燃煤锅炉燃料适应性，增加负荷调节范围和变化速率，对促进燃煤电站锅炉发展和国家能源结构转型具有重大意义。

水泥、钢铁等是中国的重能耗、高污染行业。水泥工业总 NO_x 排放量约为 120 万 t，占全国 NO_x 排放总量的 10%～12%[24]，具有区域性高强度污染的特点，加剧了局部大气污染，引发局部雾霾天气，严重危害大气环境和人类健康。我国现行水泥工业大气污染物排放标准规定，一般地区 NO_x 排放不高于 400mg/m^3，重点地区 NO_x 排放不高于 320mg/m^3[25]。从全球范围来看，我国水泥工业大气污染物排放标准已经与国际接轨，甚至严于部分发达国家。然而，面对日益严峻的环保压力，一些地区针对水泥窑炉相继出台了更高的 NO_x 排放标准，执行 50mg/m^3 的超低 NO_x 排放限值。水泥工业现有脱硝技术包括低氮燃烧器、SNCR 以及 SCR 等，但 SNCR 和 SCR 存在氨逃逸二次污染和运行成本高的问题。实现低成本的超低 NO_x 排放是水泥工业绿色转型发展的迫切需求，预热燃烧技术在水泥行业的工业窑炉中具有重要应用前景。

此外，中国无烟煤资源丰富，无烟煤量占比超过 17%，煤热解半焦和气化飞灰等产量巨大，这类超低挥发分特殊燃料因着火点高、稳燃和燃尽难，限制了其工业应用。而预热燃烧技术，因燃料自预热温度高于 800℃，超过燃料着火点，可彻底突破着火和稳燃瓶颈，在超低挥发分特殊燃料上具有广阔的应用前景。

参 考 文 献

[1] BP. 世界能源统计年鉴[R]. 伦敦: 英国石油公司, 2022.

[2] 樊泉桂, 阎维平, 闫顺林. 锅炉原理[M]. 北京: 中国电力出版社, 2014.

[3] 姚强, 陈超. 洁净煤技术[M]. 北京: 化学工业出版社, 2005.

[4] 吴碧君, 刘晓勤. 燃煤锅炉低 NO_x 燃烧器的类型及其发展[J]. 电力环境保护, 2004(3): 24-27.

[5] Chen Z, Qiao Y, Guan S, et al. Effect of inner and outer secondary air ratios on ignition, C and N conversion process of pulverized coal in swirl burner under sub-stoichiometric ratio[J]. Energy, 2022, 239: 122423.

[6] 李争起, 陈智超, 曾令艳. 旋流及 W 型火焰煤粉燃烧技术[M]. 北京: 科学出版社, 2020.

[7] 中国环境科学研究院, 国电环境保护研究院. 火电厂大气污染物排放标准: GB 13223—2011[S]. 北京: 中国标准出版社, 2011.

[8] Muzio L, Quartucy G, Cichanowiczy J. Overview and status of post-combustion NO_x control: SNCR, SCR and hybrid technologies[J]. International Journal of Environment and Pollution, 2002, 17(1-2): 4-30.

[9] Jiang Y, Lee B, Oh D, et al. Influence of various air-staging on combustion and NO_x emission characteristics in a tangentially fired boiler under the 50% load condition[J]. Energy, 2022, 244: 123167.

[10] 宋少鹏, 卓建坤, 李娜, 等. 燃料分级与烟气再循环对天然气低氮燃烧特性影响机理[J]. 中国电机工程学报, 2016, 36(24): 6849-6858, 6940.

[11] Drummond L J. Shock induced reactions of methane with nitrous and nitric oxides[J]. Bulletin of the Chemical Society of Japan, 1969, 42(2): 285.

[12] Wendt J O L, Sternling C V, Matovich M A. Reduction of sulfur trioxide and nitrogen oxides by secondary fuel injection[J]. Symposium on Combustion, 1973, 14(1): 897-904.

[13] Smoot L D, Hill S C, Xu H. NO_x control through reburning[J]. Progress in Energy and Combustion Science, 1998, 24(5): 385-408.

[14] 周俊虎, 刘广义, 刘海峰, 等. 神华煤燃烧再燃中 NO_x 生成与还原试验研究[J]. 浙江大学学报(工学版), 2007(3): 499-503.

[15] Luan T, Wang X, Hao Y, et al. Control of NO emission during coal reburning[J]. Applied Energy, 2009, 86(9): 1783-1787.

[16] 邱朋华, 刘辉, 吴少华, 等. 煤粉再燃对 600MW 锅炉 NO_x 排放的影响[J]. 工程热物理学报, 2007(S2): 149-152.

[17] 杨恂. Herne 电厂 4 号锅炉分级燃烧技术[J]. 中国电力, 1995, 28(10): 54-56.

[18] 文军, 齐春松, 王月明, 等. 细煤粉再燃技术在我国燃煤锅炉上的首次工程应用[J]. 热力发电, 2004, 33(8): 29-31.

[19] BP. 2035 年世界能源展望[R]. 伦敦: 英国石油公司, 2016.

[20] 高正阳, 宋玮, 赵锦, 等. 变负荷下 W 型火焰锅炉燃烧特性的数值模拟研究[J]. 华北电力大学学报(自然科学版), 2010, 37(2): 63-67.

[21] 刘吉臻, 洪烽, 高明明, 等. 循环流化床机组快速变负荷运行控制策略研究[J]. 中国电机工程学报, 2017, 37(14): 4130-4137.

[22] 王志强, 杨石. 典型燃煤工业锅炉行业现状和技术经济分析[J]. 工业炉, 2020, 42(5): 7-10.

[23] 中国电力企业联合会. 中国电力行业年度发展报告 2021[R]. 北京, 2021.

[24] 陈满香. 水泥工业 NO_x 减排目标及实现途径[J]. 资源节约与环保, 2014(1): 34-35.

[25] 中国环境科学研究院, 合肥水泥研究设计院. 水泥工业大气污染物排放标准: GB 4915—2013[S]. 北京: 中国标准出版社, 2013.

第 2 章
流态化预热改性机制

流态化预热改性过程是煤粉预热燃烧过程的关键环节。在流态化预热过程中，煤粉与少量空气发生气化和部分燃烧反应，依靠燃料自身反应热维持流态化预热装置的高温稳定运行，其中这部分少量空气不仅作为化学反应的气体氧化剂，也作为维持流态化过程的流化介质。经过流态化预热过程后，燃料由固相的煤粉转化为气固相混合的高温燃料，作为后续燃烧过程的输入燃料。因此，掌握流态化预热改性机制是认识煤粉预热燃烧过程的第一步。

2.1 颗粒流动特性

流态化预热装置为循环流化床结构，对于其内部颗粒流动特性的研究是部件设计及热态反应研究的基础和前提。近年来，Geldart 颗粒分类[1]是国际上较为通用的粉体颗粒分类方法：根据典型颗粒的气固流态化特性，将粉体颗粒分为四类，即 A、B、C、D 类。A 类颗粒的粒径一般为 30～100μm 内，如电站煤粉属于典型的 A 类颗粒；B 类颗粒的粒径通常为 100～500μm 内，大部分循环流化床锅炉的床料都采用这类颗粒。流态化预热装置作为煤粉锅炉的燃烧器，其内部为 A 类颗粒的煤粉，故流态化预热装置的稳定运行首先需要解决 A 类颗粒在循环流化床中的流动和返料问题。掌握流态化预热装置内部复杂多尺度的气固流动特性，将为反应器的设计提供基础数据和理论依据。

流态化预热装置主要由提升管、旋风分离器和返料器组成。冷态实验是研究 A 类细粉碳燃料在流态化预热装置中的流动特性的重要方法，本节总结关键部件的运行特性，包括流化特性、分离特性和返料特性。

2.1.1 提升管的流化特性

为了确定物料在不同表观风速下的流化特性，目前较常用的基本方法是在某一给料流率下，改变提升管的表观风速，得到充分发展段单位管长压降随着表观风速的变化关系。但是在 A 类颗粒噎塞速度以下，由于提升管内物料积料过多，会出现单位管长压降不能稳定的情况。因此，可在提升管上加装排料机，当提升管表观风速不足以带走所有物料时，通过连续排料，保证提升管内的物料保持稳定，获得稳定的压力，图 2-1 是描述提升管内物料流化状态的示意图。

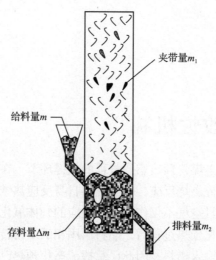

夹带量m_1

给料量m

存料量Δm

排料量m_2

图 2-1　提升管内物料流化状态示意图

实验过程中，假设给料量为 m，提升管的夹带量为 m_1，提升管底部排料量为 m_2，提升管内的存料量为 Δm，则根据物料的质量守恒公式有

$$m = m_1 + m_2 + \Delta m \tag{2-1}$$

式 (2-1) 对时间 t 求一阶导数，有

$$\frac{\mathrm{d}m}{\mathrm{d}t} = \frac{\mathrm{d}m_1}{\mathrm{d}t} + \frac{\mathrm{d}m_2}{\mathrm{d}t} + \frac{\mathrm{d}\Delta m}{\mathrm{d}t} \tag{2-2}$$

稳定状态时，有 $\dfrac{\mathrm{d}\Delta m}{\mathrm{d}t} = 0$，此时：

$$\frac{\mathrm{d}m}{\mathrm{d}t} = \frac{\mathrm{d}m_1}{\mathrm{d}t} + \frac{\mathrm{d}m_2}{\mathrm{d}t} \tag{2-3}$$

式中，$\mathrm{d}m/\mathrm{d}t$ 为单位时间内加入提升管的细粉量，即给料速率，kg/h；$\mathrm{d}m_1/\mathrm{d}t$ 为单位时间内提升管的夹带量，即夹带速率，kg/h；$\mathrm{d}m_2/\mathrm{d}t$ 为单位时间内提升管底部的排料量，即排料速率，kg/h。

流态化特性与颗粒特性、表观风速、给料速率以及提升管尺寸有关系。典型工况下，改变提升管表观风速和给料速率，提升管压降 ΔP、提升管夹带速率 $\mathrm{d}m_1/\mathrm{d}t$ 和排料速率 $\mathrm{d}m_2/\mathrm{d}t$ 的变化如图 2-2 所示。

在不同的给料速率下，随着提升管表观风速的增大，颗粒夹带速率逐渐增大，排料速率逐渐减小，提升管压降先增大到最大值随后减小，最后趋于稳定。

为进一步分析提升管内颗粒流化特性的实验结果，采用颗粒终端沉降速度计算公式，对比颗粒终端沉降速度和表观风速，可以得出颗粒全部提升时的速度略大于颗粒终端沉降速度。计算公式[2]为

$$u_t = 1.74 \sqrt{\frac{g d_p (\rho_p - \rho_g)}{(5.31 - 4.88 \varphi_p) \rho_g}} \tag{2-4}$$

式中，u_t 为颗粒终端沉降速度，m/s；g 为重力加速度，m/s^2；d_p 为颗粒平均直径，μm；ρ_p 为运用压实法测得的颗粒真实密度，g/m^3；ρ_g 为气体密度，g/m^3；φ_p 为颗粒的球形度。

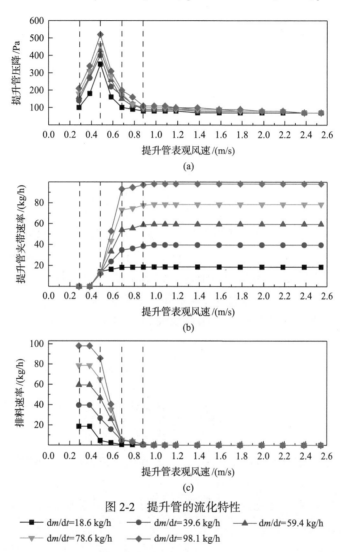

图 2-2　提升管的流化特性

■ dm/dt=18.6 kg/h　● dm/dt=39.6 kg/h　▲ dm/dt=59.4 kg/h
▼ dm/dt=78.6 kg/h　◆ dm/dt=98.1 kg/h

2.1.2　旋风分离器的分离特性

　　旋风分离器的压降包括局部损失、摩擦损失和排气管的静压损失。其中局部损失包括进口损失和出口损失。旋风分离器的入口和出口分别可以看作渐扩管和渐缩管，如图 2-3 所示。

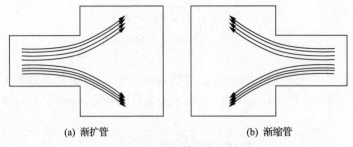

(a) 渐扩管   (b) 渐缩管

图 2-3   渐扩管和渐缩管

局部损失通常表示为局部阻力系数 ζ 与单位体积流体的动能之积。渐扩管和渐缩管的局部阻力系数 ζ_i 和 ζ_e 分别可以表示为[3]

$$\zeta_i = \left(1 - \frac{A_1}{A_2}\right)^2 = \left[1 - \frac{\pi r_i^2}{(r - r_e)h_c}\right]^2 \tag{2-5}$$

$$\zeta_e = 0.5\left(1 - \frac{A_3}{A_4}\right) = 0.5\left(1 - \frac{\pi r_e^2}{\pi r^2}\right) \tag{2-6}$$

式中，A_1 为旋风分离器的入口管截面积，m^2；A_2 为旋风分离器筒体在排气管插入区域内的介质流通截面积，m^2；A_3 为旋风分离器的筒体截面积，m^2；A_4 为旋风分离器的排气管截面积，m^2；r_i 为旋风分离器的入口内径，m；r_e 为旋风分离器的出口内径，m；r 为旋风分离器的筒体内径，m；h_c 为旋风分离器排气管的插入深度，m。

根据连续性方程，进口损失 P_i 和出口损失 P_e 分别为

$$P_i = \left[1 - \frac{\pi r_i^2}{(r - r_e)H}\right]^2 \frac{1}{2}\rho_g u_i^2 \tag{2-7}$$

$$P_e = 0.5\left(1 - \frac{r_e^2}{r^2}\right)\left(\frac{r_i}{r_e}\right)^4 \frac{1}{2}\rho_g u_e^2 \tag{2-8}$$

式中，u_i 为旋风分离器的入口速度，m/s；u_e 为旋风分离器的出口速度，m/s；H 为分离器总高度，m。

摩擦损失主要指旋风分离器本体的壁面摩擦损失，根据 Muschelknautz 的理论[4]，摩擦损失 P_f 可以表示为

$$P_f = \frac{\lambda A_c \rho_g (u_w u_e)^{1.5}}{2(0.9 u_i \pi r_i^2)} \tag{2-9}$$

式中，λ 为摩擦阻力系数；A_c 为旋风分离器的内表面积，包括顶板、筒体、锥体内表面和排气管的外表面，m^2；u_w 为壁面速度，m/s。

壁面速度 u_w 满足以下关系：

$$u_e r_e^n = u_w r^n \tag{2-10}$$

式中，n 为 0.5～0.6。

　　排气管近似为涡核流动，分为涡核区和环形区。根据连续性方程，可得涡核区的平均轴向速度为

$$u_z = \frac{u_i \pi r_i^2}{\pi(r_e^2 - r_c^2)} \tag{2-11}$$

式中，r_c 为排灰管下口半径。

　　根据动量方程，平均切向速度为

$$\bar{u} = u_w \left(\frac{r}{r_e} \frac{r}{r_c} \right)^{0.5n} \tag{2-12}$$

式中，r_c 约为 $0.577r_e$[5]，根据伯努利方程，排气管损失 P_d 为

$$P_d = \frac{1}{2} \rho_g (\bar{u}^2 + u_z^2) \tag{2-13}$$

根据 Chen 和 Shi[6]的研究结果，壁面速度为

$$u_w = \frac{1.1 \dfrac{r_i^{0.42} r_e^{0.16}}{r^{0.58}} Re^{0.06}}{1 + \dfrac{\lambda A_r}{\pi r^2} \sqrt{\dfrac{r r_e}{r_i^2}}} \tag{2-14}$$

式中，Re 为旋风分离器出口的雷诺数；A_r 为气流与旋风分离器壁面接触的总面积。

　　所以纯气流的压降为

$$P_g = P_i + P_e + P_f + P_d \tag{2-15}$$

　　图 2-4 给出了在不同入口风速下旋风分离器纯气流压降的实验值与式(2-15)的对比，可以看出式(2-15)与实验值吻合得非常好，最大误差为 7.62%。

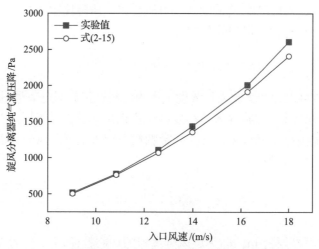

图 2-4　旋风分离器纯气流压降随入口风速变化曲线

在入口风速范围为 9.0～25.0m/s 时, 对比进口损失、出口损失、排气管损失和摩擦损失分别占的比例, 四部分损失的比例变化不大, 其中出口损失的比例很低, 基本可以忽略, 而排气管损失是整个旋风分离器压降损失最主要的部分。

同时, 旋风分离器的压降与旋风分离器入口浓度、入口风速存在一定的关系。其中, 入口浓度 C_i 为每千克气体携带的细粉质量, 旋风分离器的压降 P_s 为旋风分离器前后测量的压差, u_i 为旋风分离器入口风速, 为风量除以入口截面积。当空气携带细粉进入旋风分离器时, 旋风分离器的压降 P_s 随入口浓度 C_i 的变化曲线见图 2-5。

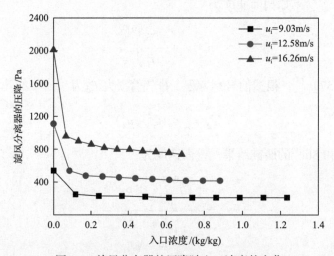

图 2-5　旋风分离器的压降随入口浓度的变化

旋风分离器的压降随入口风速的增大而增大。在同一表观入口风速条件下, 旋风分离器的压降随入口浓度的增大而减小[7]。这主要是因为在低入口浓度范围内, 由壁面摩擦引起的旋风分离器压降占主要作用, 壁面摩擦削弱了旋风分离器边壁处气体的切向速度, 从而使旋风分离器压降减小。

压降比 ξ 定义为旋风分离器在某一入口浓度下的压降 P_s 与纯气流的压降 P_g 之比。图 2-6 是压降比 ξ 随入口浓度 C_i 的变化, 可以看出, 压降比主要受入口浓度影响, 受入口风速影响较小。通过拟合得到的公式为

$$\xi = 0.376 + 0.148e^{-4.25C_i} \tag{2-16}$$

通过式(2-16)可以计算实验入口浓度范围内细粉通过旋风分离器的压降。

入口浓度从颗粒聚团和临界入口浓度两个方面影响分离效率[8]。当入口浓度大于临界入口浓度时, 会发生沉降分离, 气体携带颗粒立即被甩到旋风分离器的壁面上。临界入口浓度 C_0 的计算公式为

$$C_0 = 0.025\frac{d_{50}}{d_m}(10C_i)^n \tag{2-17}$$

式中, d_m 为质量中位粒径, m; d_{50} 为旋风分离器的切割粒径, m; C_i 为入口浓度, kg/kg,

当 $C_i < 0.1$ 时，n 取 0.4，当 $C_i > 0.1$ 时，n 取 0.15。

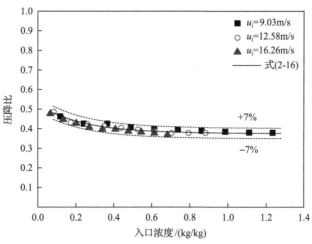

图 2-6 压降比与入口浓度的关系

d_{50} 是旋风分离器的切割粒径，计算公式为

$$d_{50} = \sqrt{\frac{18\mu(\pi r_i^2 u_i)}{(\rho_p - \rho_g)u_e^2 2\pi h}} \qquad (2\text{-}18)$$

式中，μ 为动力黏度，N·s/m^2；r_i 为旋风分离器的入口内径，m；u_i 为旋风分离器入口速度，m/s；h 为旋风分离器排气管下的假想圆柱高度，m。

临界入口浓度用来计算分离效率 η，计算公式为

$$\eta = \left(1 - \frac{C_0}{C_i}\right) + \frac{C_0}{C_i}\eta_i, \qquad C_i \geqslant C_0 \qquad (2\text{-}19)$$

$$\eta = \eta_i, \qquad C_i < C_0 \qquad (2\text{-}20)$$

式中，η_i 可以简要计算如下：

$$\eta_i = \sum \eta(d_i)m(d_i) \qquad (2\text{-}21)$$

式中，$\eta(d_i)$ 为某一粒径范围颗粒的分离效率；$m(d_i)$ 为某一粒径范围颗粒的质量分数。

图 2-7 为不同入口浓度下，旋风分离器分离效率的实验值和模型计算值的对比关系。可以看出入口风速一定时，旋风分离器的分离效率随着入口浓度的增大而增大；在既定旋风分离器入口风速范围内，在入口浓度一定时，随着旋风分离器入口风速的增大，旋风分离器的分离效率逐渐增大。旋风分离器分离效率计算模型能较好地适用于煤粉特定粒子的分离效率计算。

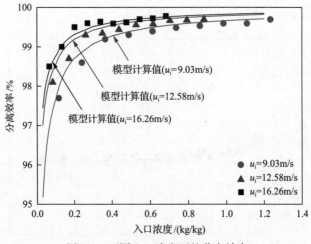

图 2-7 不同入口浓度下的分离效率

2.1.3 返料器的返料特性

单独开启返料风和松动风时，返料量与风量的关系见图 2-8。可以看出随着风量的增大，返料量增大。松动风的调节作用明显大于返料风的调节作用，松动风微调即可以达到较高的返料量，而返料风大范围调节时返料量仍较小。这是因为返料室返回的物料量取决于供料室提供的物料量，松动风通过松动立管中的物料，为物料通过水平孔口提供动力，可以将物料从供料室输送到返料室，细粉物料由于流动性较差，单独开启返料风，供料室的物料不能及时输送到返料室。

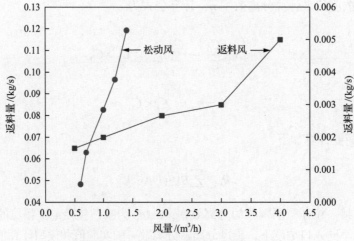

图 2-8 返料量随松动风和返料风的变化

两股风同时开启，返料量随着返料风量和松动风量的变化见图 2-9。松动风量一定时，返料量随返料风量的增大而增大。在某一返料风量下，松动风量越大，返料量也越大。

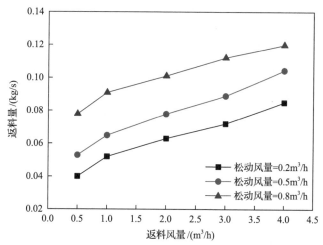

图 2-9　不同松动风量和返料风量下返料量的变化

2.2　流态化预热过程

流态化预热装置，即预热燃烧器，在此循环流化床空间内发生的物理化学反应为流态化预热过程。反应过程中，燃料加入提升管密相区。一次风(占理论空气量的20%~40%)从预热燃烧器底部供入，用于物料的流化和燃料的部分燃烧气化。燃烧所释放的热量加热床料及燃料自身，从而维持预热燃烧器的稳定运行。由于供入的一次风不足以使燃料完全燃烧，燃料在预热燃烧器内发生气化及燃烧等复杂反应，从而生成 CO、H_2、CH_4 等可燃煤气成分以及高温焦炭。从旋风分离器出口流出固相和气相成分，在此将气相成分(高温煤气)和固相成分(高温焦炭颗粒)统一定义为预热燃料。少部分较粗颗粒的高温焦炭被旋风分离器捕集再次进入循环，大部分较细颗粒的高温焦炭则被煤气携带进入燃烧室。

利用床料的蓄热能力，可以实现燃料的快速预热，预热温度可达 800℃以上。该过程无须外部热源，其热量来源于燃料自身的部分燃烧。由于这一特征，该预热燃烧器不仅适用于烟煤和无烟煤，还适用于挥发分较低、燃点较高的细粉半焦等燃料。同时，前置的循环流化床内由于不完全燃烧处于强还原性气氛中，部分燃料氮释放并被还原成 N_2，此过程可以大幅度地降低 NO_x 的排放。又由于循环流化床内的燃烧份额很低，剩余较高燃烧份额的燃料将会在燃烧室内进行燃烧和燃尽。

在烟煤、半焦和无烟煤的不同燃料条件下，循环流化床提升管不同轴向位置温度随时间变化的情况见图 2-10。对三种不同的燃料，循环流化床内各位置的温度均平稳波动：不同的燃料在循环流化床中都可以稳定地进行部分燃烧反应，释放热量，将自身加热到 900℃，预热煤粉所需热量全部由煤粉自身的部分燃烧和气化提供。该技术具有广泛的煤种适应性，无论是易燃的烟煤还是难燃的无烟煤和半焦都可以利用循环流化床进行预热。

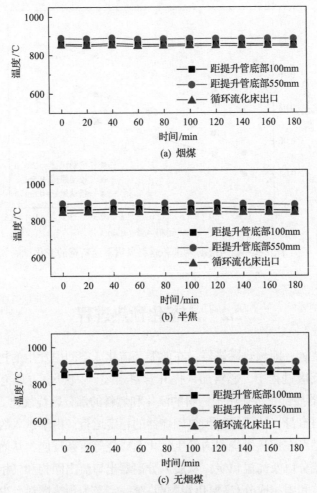

图 2-10 提升管轴向位置温度随时间的变化

工况稳定的情况下，循环流化床内温度分布均匀，最高温度约为 910℃，床内的最大温差约为 50℃，体现了循环流化床温度均匀的特点。

以循环流化床内的温度和压降分布作为判断流态化预热装置是否稳定运行的两个关键性指标[9]。在温度稳定的过程中，循环流化床内的压降分布稳定波动且循环流化床下部压降高于上部压降，说明流态化预热装置内的流动过程已达到稳定。

选取床料的颗粒终端速度高于提升管流化风速，则床料在循环流化床中无法被风携带进入旋风分离器和返料器建立循环，其状态是停留在提升管底部的鼓泡状态，其主要作用为蓄热。由于整个循环流化床内温度分布均匀，即循环流化床内建立了良好的循环，因此在循环流化床中参与循环的物料为大颗粒的煤粉、预热燃料以及煤粉燃烧后生成的底灰。

煤粉经过流态化预热的改性效果主要通过流态化预热特性来表征，其中流态化预热特性包括预热煤气特性、预热焦炭特性以及预热过程能质平衡。

2.3　预热煤气特性及影响因素

本节将详细讲解预热燃料中的气相成分——预热煤气的特性，并重点关注不同碳基燃料、粒径、预热温度、空气当量比和气氛等主要影响因素对预热煤气特性的影响规律，为剖析预热过程的气相组分生成与转化规律提供参考。

2.3.1　预热煤气特性

煤粉进入流态化预热装置后便会被高温床料迅速加热至 800℃以上，在预热过程中，煤粉挥发分在极短时间内析出并裂解生成 CO、H_2 和 CH_4 等小分子气相产物；化学反应主要为预热焦炭与氧气或气相(中间)产物的均相反应与异相反应，主要反应如下[10,11]：

R1：$C+O_2 \longrightarrow CO_2$　　　　　　　　　$-395.1kJ/mol$

R2：$C+1/2O_2 \longrightarrow CO$　　　　　　　　$-113.2kJ/mol$

R3：$CO+1/2O_2 \longrightarrow CO_2$　　　　　　　$-281.1kJ/mol$

R4：$H_2+1/2O_2 \longrightarrow H_2O$　　　　　　　$-249.0kJ/mol$

R5：$CH_4+2O_2 \longrightarrow CO_2+2H_2O$　　　　$-802.6kJ/mol$

R6：$C+O_2 \rightleftharpoons 2CO$　　　　　　　　　$166.9kJ/mol$

R7：$C+H_2O \rightleftharpoons H_2+CO$　　　　　　　$135.5kJ/mol$

R8：$CO+H_2O \rightleftharpoons CO_2+H_2$　　　　　　$-31.5kJ/mol$

R9：$CO+3H_2 \rightleftharpoons CH_4+H_2O$　　　　　$-227.6kJ/mol$

预热燃烧器出口的主要煤气成分包括氮气(N_2)、二氧化碳(CO_2)、一氧化碳(CO)、氢气(H_2)和甲烷(CH_4)，其中可燃成分为 H_2、CO 和 CH_4。以烟煤为燃料时，典型工况下预热煤气组分如图 2-11 所示，可燃成分中 CO 含量最高，CH_4 含量最低。由于烟煤含有较高的挥发分，预热过程中大量挥发分会析出，H_2 及部分 CO 和 CH_4 随挥发分析出。另外，挥发分的析出使得焦炭疏松多孔，反应活性增强，从而导致碳的析出速率增快，生成大量 CO。

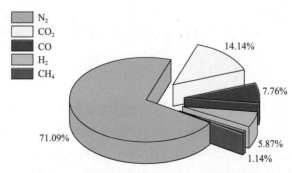

图 2-11　典型工况下预热煤气组分(体积分数)

旋风分离器出口处的 O_2 浓度为 0%，说明了循环流化床内为强还原性气氛，这也造成了预热煤气中 NO、NO_2 和 N_2O 浓度均为 $0mg/Nm^3$。在流态化预热过程中，燃料氮最终转化为高温焦炭中的焦炭氮和高温预热煤气中的含氮中间产物(HCN 和 NH_3 等)，部分燃料氮会在循环流化床内被还原成 N_2，最终导致更少的燃料氮流入燃烧室内，有助于实现低的 NO_x 排放。

2.3.2 不同碳基燃料的影响

以烟煤、半焦和两种无烟煤为燃料，保持煤粉粒径、预热温度和预热燃烧器空气当量比不变，对比不同燃料在循环流化床预热过程中产生的高温煤气成分，结果见图 2-12。不同的燃料预热后产生的高温煤气的主要成分相同，都是主要由 N_2、H_2、CO、CH_4 和 CO_2 组成，但各组分的浓度相差较大。四种燃料预热产生的高温煤气中 NO、NO_2 和 O_2 的浓度都为零，说明循环流化床中均为强还原性气氛。

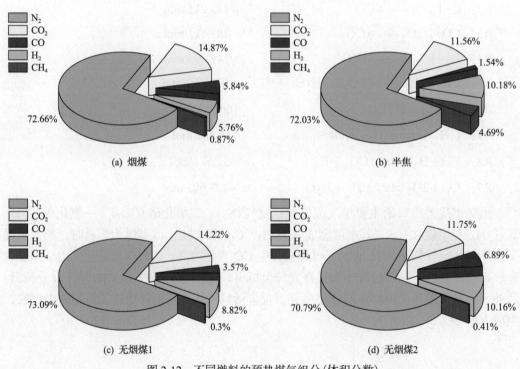

图 2-12 不同燃料的预热煤气组分(体积分数)

2.3.3 粒径的影响

高温煤气中可燃性气体成分(CO、H_2、CH_4)随煤粉粒径的增大先上升后下降，如图 2-13 所示。煤粉粒径增加使得煤粉在预热燃烧器内的停留时间增加，使得 Boudouard 反应($C+CO_2 \rightleftharpoons 2CO$)和水煤气变化反应($C+H_2O \rightleftharpoons H_2+CO$)得到加强，同时预热温度逐渐提高加快了气化反应速率，生成更多的 CO 与 H_2 气体，还原性气氛也得到增强，而随着煤粉粒径进一步增加，脱挥发分过程和传热过程变慢，气化反应速率会显著降低，使可燃性气体成分由上升趋势转为下降趋势。高温煤气中 CO_2 含量远高于 CO 含量，表明 C 与 O_2 的非均相反应速率远低于 CO 与 O_2 的均相反应速率。此外，CH_4 主要来源于煤的热解过程，随着 H_2 含量的增加，CH_4 在高温下的分解反应受到抑制，并伴随着甲烷化反应（$CO + 3H_2 \rightleftharpoons CH_4 + H_2O$）的进一步发生[12]。故 CH_4 和 H_2 的变化趋势是一致的。

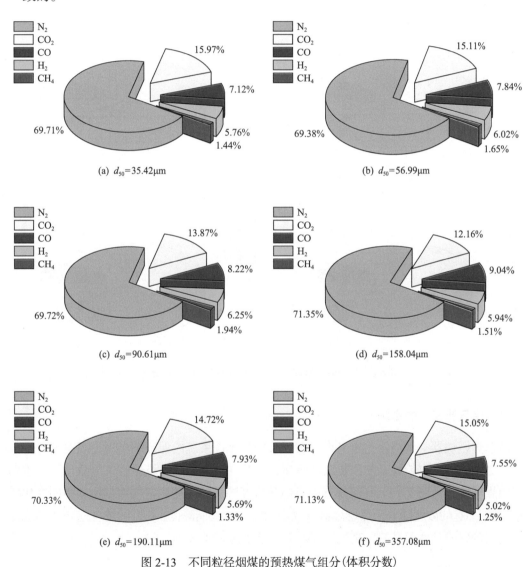

图 2-13　不同粒径烟煤的预热煤气组分（体积分数）

2.3.4　预热温度的影响

保持煤粉粒径和预热燃烧器空气当量比不变，煤粉在不同预热温度下产生的高温煤气的成分见图 2-14。随着预热温度的升高，高温煤气可燃成分中 H_2 的浓度总体上上升，CO 和 CH_4 的浓度下降，高温煤气的化学热值随预热温度的升高略有降低，但基本保持在一定水平，CO_2 的浓度有所升高。预热温度升高有利于 C 元素和 O_2 间氧化反应的进行，特别是提高了 CO 和 CH_4 与 O_2 的化学反应速率，此过程消耗掉部分有效煤气，最终导致高温煤气热值降低。预热燃烧器出口高温煤气中 O_2 的浓度为零，即预热燃烧器中为强还原性气氛，使得高温煤气中 NO 和 NO_2 的浓度也为零。

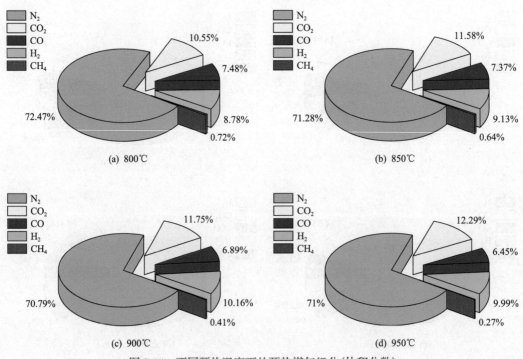

图 2-14　不同预热温度下的预热煤气组分(体积分数)

2.3.5　空气当量比的影响

预热燃烧器空气当量比定义为一次风流率与燃烧系统内保证燃料理论燃烧的总空气流率之比。保持煤粉粒径和预热温度不变，煤粉在不同预热燃烧器空气当量比下产生的高温煤气成分见图 2-15。高温煤气中各组分浓度随循环流化床空气当量比的不同变化较小，其中 H_2 的浓度随着预热燃烧器空气当量比的增大而降低，CH_4 的浓度随预热燃烧器空气当量比的升高而升高，高温煤气的低位热值区别不大。

2.3.6　气氛的影响

流态化预热装置不仅可以在空气 (O_2/N_2) 气氛下稳定运行，在富氧气氛 (O_2/N_2 或 O_2/CO_2)，即氧气浓度高于 21% 时，仍然可以实现稳定运行。

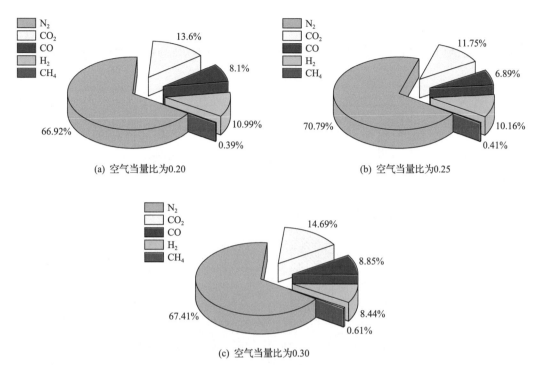

图 2-15　不同空气当量比下的预热煤气组分(体积分数)

在富氧(O_2/N_2)气氛下,预热煤气的主要有效成分也包括 H_2、CO 和 CH_4,典型工况的预热煤气分析结果见图 2-16。当 O_2 浓度增加时,预热煤气各可燃组分的浓度均有增加,煤气的低位热值也有大幅度的提升。

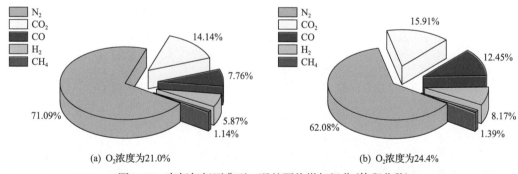

图 2-16　富氧气氛下典型工况的预热煤气组分(体积分数)

对比空气气氛以及富氧(O_2/CO_2)气氛下不同预热燃烧器 O_2 浓度的预热煤气组分及低位热值,如图 2-17 所示。在相同的 21% O_2 浓度下,富氧气氛的预热温度较空气气氛低约 20℃,进而抑制了气化反应的进行,使得富氧气氛的预热煤气还原性组分体积分数及热值较低。由于高浓度 CO_2 的存在,富氧气氛下煤气组分中 CO 的体积分数较高。在富氧气氛下预热煤气还原性组分中 CO 占比最高,其次为 H_2,最低的是 CH_4,且随着预热燃烧器 O_2 浓度的增大,预热燃烧器内温度升高,气化强度增大,三种气体所占预热煤气的体积分数均增大。在富氧气氛下，预热过程产生的 H_2 较少，这是由于高浓度 CO_2 的环境下 C 与 CO_2 发生高温还原反应，较高浓度的 CO_2 在高温下会造成 H 自由基的消耗[13]。

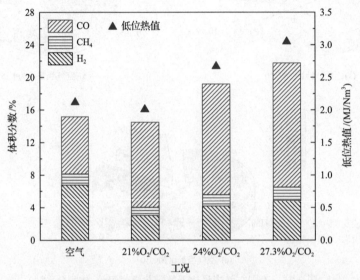

图 2-17　预热煤气组分和低位热值随预热燃烧器 O_2 浓度的变化趋势

富氧气氛下流态化预热装置内预热燃烧器 O_2 浓度的增大，有助于气化反应的进行，并促进了预热煤气中还原性组分的释放。预热煤气组分体积分数随预热燃烧器空气当量比的变化趋势如图 2-18 所示。空气当量比的增大使得预热燃烧器中燃烧份额增大，削弱了预热器内的气化强度，预热煤气中的还原性组分体积分数均呈现减小的趋势。

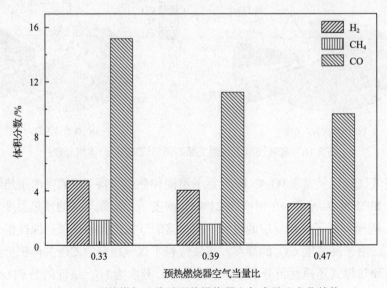

图 2-18　预热煤气组分随预热燃烧器空气当量比变化趋势

2.4 预热焦炭特性及影响因素

本节将详细讲解预热燃料中的固相成分——预热焦炭的特性，并重点关注不同碳基燃料、粒径、预热温度、空气当量比和气氛等主要影响因素对预热焦炭特性的影响规律，为剖析预热过程的固相组分生成与转化规律提供参考。

2.4.1 预热焦炭特性

煤粉在流态化预热装置中快速预热并释放挥发分，发生气化和燃烧反应，引起燃料孔隙结构和比表面积的变化，并导致煤的化学成分发生变化。煤燃烧过程中的热力裂解、残焦的燃烧等都直接发生在煤粒的内表面上，挥发分的析出、氧化剂及氧化产物的扩散在孔隙中进行，燃料的孔隙结构对于煤的燃烧和污染物生成有着重要的影响[14]。煤的化学成分，如挥发分、固定碳、灰分、氧含量、氮含量和硫含量等也对煤的燃烧和污染物排放有重要的影响。

根据原煤粉和预热燃料的工业分析和元素分析的检测结果，可以利用灰分平衡法计算得到煤粉经预热后各组分的转化率。灰分平衡法是指：预热过程中，流态化预热装置床层压力稳定，且流态化预热装置底部不排渣，由于假定煤中的灰在预热过程中不发生反应，可以认为进入流态化预热装置的煤中的灰与从流态化预热装置床出口离开的预热燃料中的灰的质量相同，即进入和离开流态化预热装置的灰的质量是平衡的。根据预热过程的灰平衡计算公式[15]，来计算预热过程中燃料各组分(组分 X)的转化率。以烟煤为燃料，典型工况的预热焦炭分析见表 2-1，组分转化率见图 2-19。

$$C_X = 1 - \frac{A_1 \times X_2}{A_2 \times X_1} \tag{2-22}$$

式中，C_X 为燃料组分 X 的转化率；A_1 和 X_1 分别为预热前燃料的灰分和组分 X 的含量；A_2 和 X_2 分别为高温预热焦炭中灰分和组分 X 的含量。

表 2-1　烟煤预热焦炭分析

元素分析(质量分数)/%				工业分析(质量分数)/%		
C_{ad}	H_{ad}	N_{ad}	S_{ad}	A_{ad}	V_{ad}	FC_{ad}
78.46	1.25	0.75	0.47	14.12	9.47	71.58

注：C 表示碳元素，H 表示氢元素，N 表示氮元素，S 表示硫元素，A 表示灰分，V 表示挥发分，FC 表示固定碳；下标 ad 表示空气干燥基。

在预热过程中燃料的碳转化率在 50% 左右，也就是说有 50% 的燃料碳在预热过程中释放出去，这部分碳一部分转化为可燃碳基气体，另一部分与氧气燃烧反应放热维持循环流化床的温度。可燃碳基气体和剩余的燃料碳将在燃烧室内参与燃烧反应。预热过程中大部分的挥发分(转化率均超过 75%)会释放出去，由于烟煤的挥发分原始含量更高，

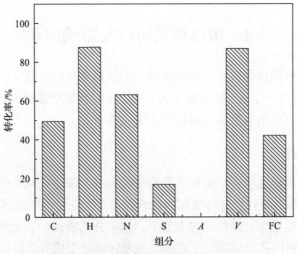

图 2-19 烟煤预热过程组分转化率

故预热后烟煤焦炭的挥发分含量较高。同时在预热过程中烟煤的氮元素的转化率在 60% 左右，意味着大约 60% 的燃料氮从固相释放到气相中，剩余 40% 的燃料氮将在燃烧室内释放并转化。在预热过程和燃烧过程的燃料氮转化路径对于整个燃烧过程的 NO_x 排放都十分重要，两个过程均具有很大的氮还原潜力。

2.4.2 不同碳基燃料的影响

不同种类碳基燃料预热后的预热燃料颗粒粒径分布见图 2-20。与预热前相比，半焦、两种无烟煤的平均粒径在预热后有明显的降低，烟煤的平均粒径也有所减小，但是粒径变化不如其他三种燃料明显。煤粉越细，挥发分的析出越容易，焦炭参加化学反应的相对表面积也越大，内外表面的温度差越能快速地达到平衡，化学反应越容易进行。从煤粉粒径的变化上可以看出，预热对煤粉的燃烧性能的改善起到很大的作用。

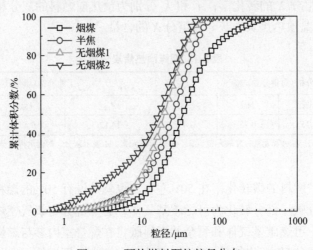

图 2-20 预热燃料颗粒粒径分布

不同种类碳基燃料预热前后比表面积、比孔容积和平均孔径变化见图 2-21～图 2-23。从比表面积的变化上可以看到，经过预热，半焦的比表面积有所减小，烟煤和两种无烟煤预热后比表面积有较大的增加。从比孔容积的变化上可以看到，半焦的预热燃料的比孔容积较原煤减小，烟煤和两种无烟煤的预热燃料的比孔容积较原煤有较大的增加。从颗粒平均孔径的变化可以看到，预热后，烟煤、半焦和两种无烟煤的平均孔径都有所增加，说明有较多的大孔生成。在煤粉燃烧过程中，挥发分从孔隙中析出，造成孔隙结构发生变化，煤粉颗粒变软成为球形并膨胀成为多孔状，而且不同煤种的煤粉在挥发分脱除过程中孔隙结构的变化是不同的。

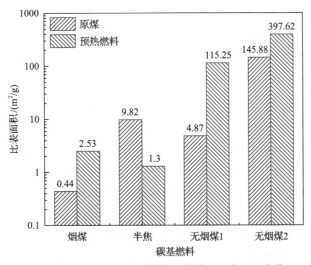

图 2-21　不同种类碳基燃料预热前后比表面积变化

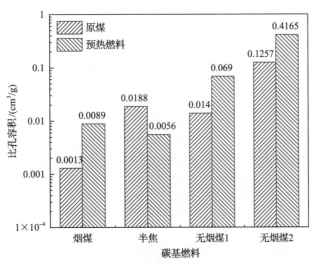

图 2-22　不同种类碳基燃料预热前后比孔容积变化

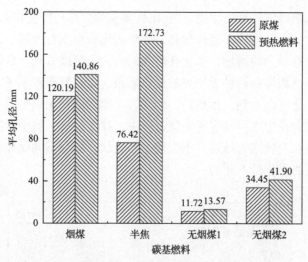

图 2-23　不同种类碳基燃料预热前后平均孔径变化

　　在煤粉的预热过程中，煤粉中挥发分析出导致预热燃料颗粒内部和表面出现较多的孔洞，预热燃料颗粒的孔隙结构变得发达，比表面积和比孔容积都有较大的增加。在半焦的预热过程中，由于半焦本身就具有较为发达的孔隙结构，颗粒较为疏松，在预热过程中热应力和摩擦的作用导致颗粒孔洞的坍塌，引起预热燃料的比表面积和比孔容积的减小。比表面积和比孔容积的增加有助于预热燃料颗粒在燃烧过程中与 O_2 的接触和结合，对预热燃料颗粒燃烧特性的改善有很大作用。因此，预热对煤粉颗粒物理结构的改善有较大的作用，对半焦颗粒物理结构的改善作用不太明显，同时大孔的形成对预热燃料颗粒燃烧特性的改善是有利的。

　　不同种类碳基燃料的预热燃料的工业分析和元素分析见表 2-2。所有碳基燃料的预热燃料与原煤相比，挥发分降低、灰分增大、固定碳含量降低、低位发热量降低，说明预热过程中煤中的挥发分受热析出，部分焦炭与氧气发生反应，释放热量。

表 2-2　预热燃料的工业分析和元素分析

分析项目		烟煤	无烟煤 1	半焦	无烟煤 2
元素分析 (质量分数) /%	C_{ad}	59.8	75.78	62.30	70.84
	H_{ad}	1.20	0.93	1.02	0.30
	O_{ad}	1.67	1.18	0.46	0.07
	N_{ad}	0.92	1.40	0.65	0.26
	S_{ad}	0.33	0.95	0.62	0.22
工业分析 (质量分数) /%	M_{ad}	0.88	5.48	1.97	1.64
	A_{ad}	34.9	14.30	32.98	26.67
	V_{ad}	6.39	2.54	5.84	1.86
	V_{daf}	9.95	3.17	8.67	2.59
	FC_{ad}	57.83	77.68	59.21	69.83
低位发热量($Q_{L,ad}$) / (MJ/kg)		21.60	26.71	22.07	22.51

　　注：M 表示水分，下标 daf 表示干燥无灰基。

煤粉预热后各组分的转化率见图 2-24，不同种类的碳基燃料预热后各组分的转化率差别较大。由于不同煤种的化学组成、煤岩结构、煤的碳化程度不同，煤粉在循环流化床预热后，各组分的析出和转化特性会表现出显著的差异。

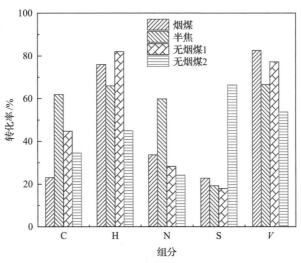

图 2-24　不同种类碳基燃料预热过程中组分的转化率

三种煤粉和半焦粉的挥发分(V)经过预热部分析出，且转化率都在 50%以上。其中烟煤粉和第一种无烟煤粉(图 2-24 中无烟煤 1)的挥发分转化率较高，说明在这两种预热燃料中挥发分含量已经变得相当少。第二种无烟煤粉(图 2-24 中无烟煤 2)的挥发分转化率最低，说明第二种无烟煤粉的挥发分析出比较困难，也说明这种煤粉的着火和燃烧特性较差。半焦粉在预热之前已经经历过一次挥发分的析出，剩余的挥发分主要存在于焦炭颗粒内部，使得预热过程中挥发分的析出较为缓慢，这也导致了它的挥发分的转化率不如烟煤粉和第一种无烟煤粉的挥发分的转化率高。除去半焦粉，只关注三种煤粉，可以看到，预热过程中挥发分的转化率随煤阶的升高和煤中挥发分含量的降低而降低。

烟煤粉的 C 转化率只有 23%，其他的煤粉和半焦粉的 C 转化率都达到 30%以上。为了保持预热温度和循环流化床当量比相近，烟煤的给煤量远大于其他三种燃料的给煤量，在将预热温度维持在 900℃所需热量基本相同的情况下，烟煤单位燃料释放的热量占低位发热量的比例相应较小，使得作为主要产生热量的 C 元素的转化率也较低。循环流化床内为还原性气氛，因此预热过程中一部分 C 元素将会转化为 CO、CO_2 和 CH_4。

三种煤粉和半焦粉的 H 转化率都较高，基本都在 50%以上。煤中的 H 主要存在于挥发分中，第二种无烟煤粉的挥发分含量最低，其挥发分的转化率也最低，因此 H 转化率也是最低的。预热过程中 H 的转化率与挥发分的转化率随煤种的变化是相同的。

三种煤粉和半焦粉中的 O 在预热过程中析出量较高，其中第二种无烟煤粉的 O 转化率最高，第一种无烟煤粉的 O 转化率最低，但也能达到 62%。可见，O 转化率与挥发分的转化率随煤种的变化是相反的。

N 元素在预热过程中也发生了部分的析出和转化，三种煤粉和半焦粉的 N 转化率都在 20%以上，其中半焦粉的 N 转化率最高，第二种无烟煤粉的 N 转化率最低。循环流化床内为强还原性气氛，因此可以推测析出的 N 主要转化成了 HCN、NO、NO_2、NH_3 和 N_2，预热过程中煤氮的转化对整个实验系统 NO_x 的生成和排放有着重要影响。

2.4.3 粒径的影响

不同粒径的煤粉预热前后的粒径分布对比见图 2-25。较小的颗粒主要在热解和气化过程中被消耗，而较大的颗粒在预热器中燃烧和破碎，因此中等尺寸的颗粒所占比例相对较高。燃料颗粒尺寸越小，预热后的焦炭颗粒尺寸也越小，并且随着原煤粒径的增大，预热焦炭粒径的减小幅度变得更加明显。

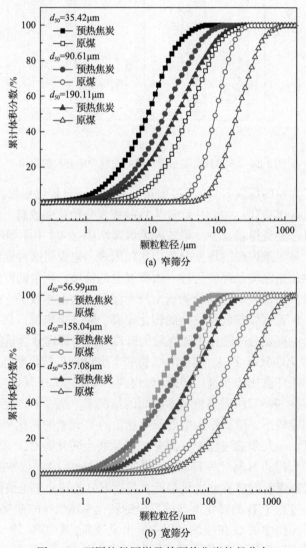

图 2-25　不同粒径原煤及其预热焦炭粒径分布

图 2-26 对比显示了预热前后不同粒径煤粉的比表面积变化。煤粉经预热后，比表面积显著增加，高温预热焦炭颗粒表面变得粗糙和孔隙结构发达，颗粒的物理结构进一步

被改善。燃料颗粒尺寸越小，预热后的焦炭颗粒比表面积就越大，并且随着原煤粒径的增大，比表面积增加的效果减小。此外，当原煤粒径较大时，挥发分的析出相对困难，这抑制了孔隙结构的发展，进而削弱了比表面积增加的效果。同时，物理作用(研磨)对煤粉比表面积的影响远小于化学作用(热解/气化)对煤粉比表面积的影响。

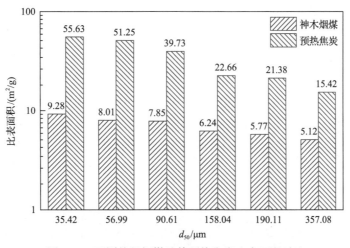

图 2-26　不同粒径烟煤及其预热焦炭比表面积对比

　　预热前后不同粒径煤粉的平均孔径变化见图 2-27。预热器内部分燃烧和部分气化反应产生的强烈热冲击、摩擦以及挥发分的释放均会显著影响颗粒的破碎过程，导致平均孔径发生变化。预热过程可以促进烟煤颗粒膨胀成多孔结构，使预热焦炭颗粒内部和表面形成大量新的大孔隙，使得预热焦炭的平均孔径均大于原煤(神木烟煤)。随着原煤粒径的增加，原煤平均孔径均减小，而预热焦炭的平均孔径先增大后减小，即原煤粒径较大或较小时，预热焦炭均保持着较小的孔径。当原煤粒径较小时，其不能为孔隙结构的发展提供足够的空间，而当原煤粒径较大时，其初始孔径相对较小，并且较慢的挥发分析出速率也在一定程度上抑制了孔径的扩大。

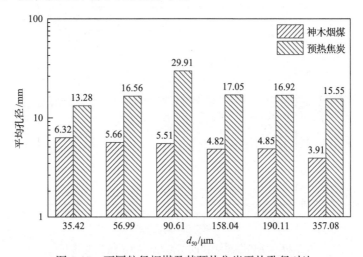

图 2-27　不同粒径烟煤及其预热焦炭平均孔径对比

预热前后不同粒径煤粉的总比孔容积变化见图 2-28。相比于原煤，预热焦炭总比孔容积也显著增加，随着煤粉粒径的增大，预热焦炭的总比孔容积先增大后减小。有大量新的微小孔隙产生，使孔径的平均值降低，但总体来说提高了颗粒总比孔容积，依然有利于预热焦炭的后续燃烧。粒径增加对比孔容积的削弱影响要强于孔隙结构发达对比表面积的促进影响。

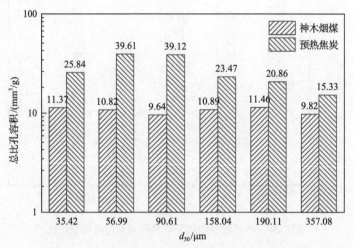

图 2-28　不同粒径烟煤及其预热焦炭总比孔容积对比

2.4.4　预热温度的影响

选用无烟煤粉为燃料，预热燃料的 10%、50% 和 90% 切割粒径随预热温度的变化见图 2-29。预热燃料颗粒整体粒径较预热前的煤粉颗粒粒径明显减小。预热燃料的 50% 和 90% 切割粒径随预热温度的升高先减小后增加，在 900℃ 达到最小值；10% 切割粒径随着预热温度的升高不断减小。

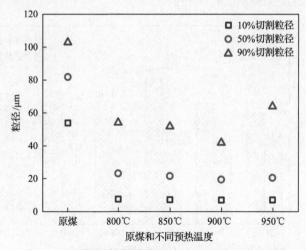

图 2-29　预热燃料颗粒的切割粒径随预热温度的变化

温度对煤粉的破碎有着重要作用，温度升高时，一方面，颗粒的内外表面温度梯度变大，热应力变大，破碎变得剧烈；另一方面，挥发分析出速率增加，颗粒内部的膨胀压力升高，从而增大了破碎强度。

单从燃料粒径方面考虑，利用循环流化床对煤粉进行快速预热，可以对煤粉的燃烧起到强化作用。当预热温度为 900℃时，所获得的预热燃料颗粒的平均粒径最小，最有利于预热燃料在燃烧室中的燃烧和燃尽。

无烟煤粉及其预热燃料的比孔容积分布见图 2-30。根据国际纯粹与应用化学联合会在 1978 年提出的孔径分类标准，煤粉的孔洞按照孔径分为微孔（<2nm）、中孔（2~50nm）和大孔（>50nm）[16]。无烟煤粉的比孔容积主要由孔径在 2~10nm 的中孔构成，微孔和大孔所占的比孔容积可以忽略不计。预热燃料颗粒的比孔容积主要由微孔和中孔构成，且曲线上孔径小于 2nm 的微孔对应的比孔容积要明显大于 3~4nm 范围内中孔对应的比孔容积，这说明小于 2nm 的微孔对比孔容积的贡献比中孔大。

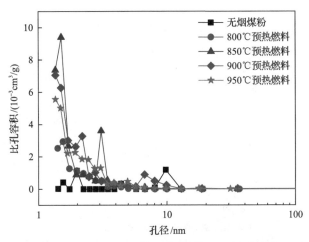

图 2-30 无烟煤粉及其预热燃料的比孔容积分布

原煤和不同预热温度的燃料颗粒的比孔容积见图 2-31。随着预热温度的增加，预热燃料颗粒的比孔容积先增大后减小，并在 900℃时达到最大值。预热温度升高时，颗粒内部挥发分的析出速率和析出量增加，导致大量新孔生成，从而使颗粒的比孔容积变大，当预热温度超过 900℃时，孔洞的坍塌变得剧烈，引起了比孔容积的减小。

比孔容积对焦炭颗粒的燃烧有重要的影响，比孔容积增加使氧气和燃烧产物在焦炭颗粒内部的扩散特性得到改善，提高了焦炭颗粒内部的氧气浓度水平，从而改善了燃料的着火条件，使燃料的燃烧速率增加，缩短了燃尽时间。预热温度为 900℃时，煤粉预热燃料的比孔容积最大，对煤粉颗粒孔隙结构的改善最显著。

利用非局部密度泛函理论（NLDFT）法计算得到的无烟煤粉及预热燃料颗粒的比表面积随孔径的分布见图 2-32。煤粉的比表面积在孔径为 2~10nm 出现峰值，说明比表面积主要由中孔构成。预热燃料颗粒的比表面积主要由孔径为 2~10nm 的中孔和小于 2nm

的微孔构成，并且孔径小于 2nm 的微孔对应的比表面积明显大于中孔对应的比表面积。所以预热燃料比表面积的变化主要取决于微孔所对应的比表面积的变化。

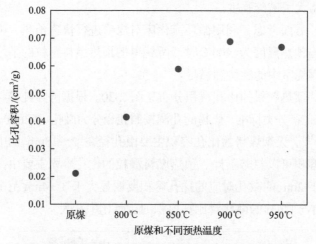

图 2-31　原煤和不同预热温度下预热焦炭的比孔容积

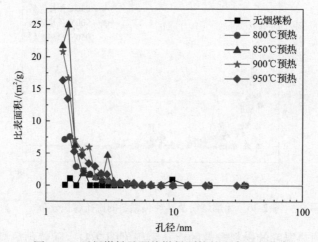

图 2-32　无烟煤粉及预热燃料颗粒的比表面积分布

　　根据比表面积测试(BET)方法计算得到的无烟煤粉和不同预热温度下得到的预热燃料颗粒的比表面积见图 2-33。预热使煤粉的比表面积从 5.2m²/g 增加到 111.9m²/g，增加了二十多倍，说明预热使孔隙结构更加发达，有利于燃烧的进行。随着预热温度的升高，预热燃料颗粒的比表面积先增大后减小，并在 900℃左右达到最大值。比表面积的增加，可以加强焦炭颗粒与外界的热交换，也可以增大焦炭与氧气的接触面积，对氧气和燃烧产物的扩散、吸附都产生有利影响，所以比表面积的增加对燃烧起到强化作用。

　　煤粉在循环流化床的快速预热是不完全燃烧，挥发分析出会促进孔的形成，但是也会使孔隙崩塌，而且预热温度越高孔隙的形成和崩塌越剧烈，两种作用的结果表现为比表面积的增加或者降低。同时煤粒在高温下发生熔融，原有的孔结构将由于表面张力的作用而变化，孔径将减小甚至关闭，同时也可能伴随孔的坍塌与贯通，因而预热温度过高时煤粒的比表面积会随温度的升高而减小。

无烟煤粉及其预热燃料的平均孔径随预热温度的变化见图 2-34。经过预热后，800℃时预热燃料的平均孔径较原煤粉的平均孔径增大，随着预热温度从 800℃升高到 950℃，预热燃料的平均孔径略有降低，但变化并不明显。说明原煤中含有较多的小孔，原煤粉孔隙的平均孔径较小，经过预热后，大量的中孔和大孔形成，导致预热燃料的平均孔径变大。预热燃料平均孔径变大有利于更多的氧气扩散进入颗粒内部，对于其燃烧特性的改善有较大作用。

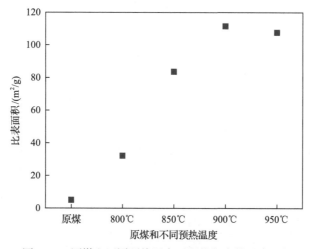

图 2-33　原煤和不同预热温度下预热焦炭的比表面积

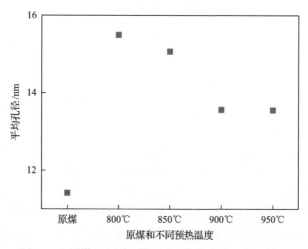

图 2-34　原煤和不同预热温度下预热焦炭的平均孔径

采用扫描电子显微镜(SEM)对煤粉及预热燃料颗粒进行显微观察得到，煤粉的表面光滑，质地致密，所能观察到的微孔数量非常少；预热温度为 800℃的预热燃料颗粒的表面已经出现了较多微孔，表面不再光滑；预热温度为 850℃的预热燃料颗粒表面出现鳞片结构，颗粒棱角分明，能观察到表面有很多孔洞；预热温度为 900℃的预热燃料颗粒的孔隙结构非常发达，颗粒呈现蜂窝状结构，可以很清楚地观察到颗粒表面有很多孔洞；预热温度为 950℃的预热燃料颗粒表面参差不齐，并且出现裂缝，呈现明显的层状结构，可以在表面观察到一定的孔洞，部分表面有烧结现象，并且有一些灰尘附着在颗粒表面。

在循环流化床快速预热过程中，预热温度对煤粉挥发分析出和颗粒的破碎影响很大。较高的预热温度使煤粉由中心到表面的温度梯度变大，当挥发分析出时，煤粉颗粒的孔隙结构更容易发生变化。在预热温度低于 900℃时，随着预热温度的升高，挥发分的析出量增大、析出速率增加，颗粒所受的热应力变大，容易出现裂缝和孔隙，导致颗粒表面的孔隙结构变得发达。当预热温度超过 900℃后，由于颗粒内部和表面的塑性变形，表面孔洞产生了坍塌，导致部分孔口尤其是中孔的闭合，从而导致比表面积和比孔容积的减小，表现在颗粒表面孔洞减少和闭合。

保持煤粉粒径和循环流化床空气当量比不变，仅改变预热温度获得不同预热温度下预热焦炭特性的变化，工业分析和元素分析结果见表 2-3。

表 2-3　不同预热温度下得到的预热焦炭的工业分析和元素分析

分析项目		800℃	850℃	900℃	950℃
元素分析 (质量分数)/%	C_{ad}	76.18	76.86	75.78	74.80
	H_{ad}	1.51	1.50	0.93	0.88
	O_{ad}	1.88	1.50	1.18	0.57
	N_{ad}	1.33	1.38	1.40	1.40
	S_{ad}	0.90	0.90	0.95	1.03
工业分析 (质量分数)/%	M_{ad}	4.92	4.48	5.48	6.12
	A_{ad}	13.28	13.38	14.30	15.20
	V_{ad}	3.87	4.14	2.54	2.44
	V_{daf}	4.73	5.04	3.17	3.10
	FC_{ad}	77.93	78.00	77.68	76.24
低位发热量$(Q_{L,ad})/(MJ/kg)$		21.60	27.50	27.66	26.71

预热燃料中的灰分相对含量较原煤粉有所增加，并随预热温度的增加而增大，说明预热温度增加导致煤中各组分的析出率增加。预热燃料中 C、H 和 O 元素的含量基本随预热温度的升高而减少；N 元素和 S 元素的含量随预热温度的升高没有明显变化，但结合灰分含量的增加可以推测，N 元素和 S 元素的绝对量是减小的；挥发分、固定碳含量和低位发热量随预热温度的增加先增大后减小。

利用灰分平衡法计算得到的煤粉经预热后各组分的转化率随预热温度的变化见图 2-35。煤粉各组分的转化率都随预热温度的增加而增加，大部分的挥发分在预热过程中析出。

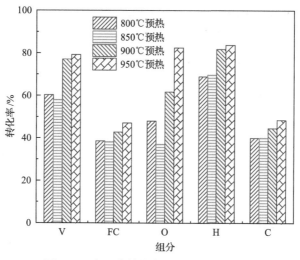

图 2-35 各组分转化率随预热温度的变化

2.4.5 空气当量比的影响

预热燃料颗粒的 10%、50% 和 90% 切割粒径随预热燃烧器空气当量比的变化见图 2-36。预热燃料的颗粒粒径较原煤的粒径有明显的减小，不同预热燃烧器空气当量比条件下得到的预热燃料的粒径相差不大，但随着预热燃烧器空气当量比的增加，预热燃料 10%、50% 和 90% 切割粒径都略有减小。说明预热燃烧器空气当量比的增加有利于煤粉颗粒在循环流化床中的破碎。预热燃烧器空气当量比增加导致氧气量相对增加，氧气量的增加有利于燃烧的进行，燃烧反应越剧烈导致煤粉颗粒的破碎作用越强，结果使颗粒的平均粒径随循环流化床空气当量比的增加而减小。

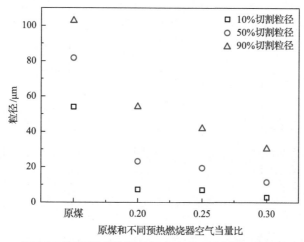

图 2-36 原煤和不同预热燃烧器空气当量比下预热燃料颗粒的切割粒径

预热燃料的比表面积随预热燃烧器空气当量比的变化见图 2-37。在预热温度为 900℃时，随着预热燃烧器空气当量比的增加预热燃料的比表面积不断增加。说明烟气中氧气量的增加对于预热过程中煤粉中挥发分的析出和焦炭颗粒孔隙结构的发展有促进作用。

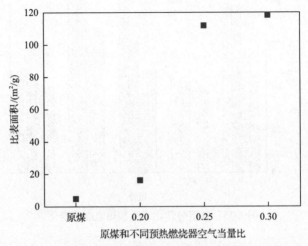

图 2-37　原煤和不同预热燃烧器空气当量比下预热焦炭的比表面积

预热燃烧器空气当量比的增加使循环流化床内煤粉的燃烧和气化反应变得更加剧烈，挥发分的析出速率加快，造成焦炭颗粒表面产生较多的孔洞，氧气通过这些孔洞进入焦炭颗粒内部，反过来促进焦炭颗粒的燃烧，导致焦炭表面和内部形成更多的孔隙，表现出来就是预热燃料的比表面积随预热燃烧器空气当量比的增加而增大。预热燃烧器空气当量比越大越有利于预热燃料物理结构的改善，对预热燃料在燃烧室中的燃烧性能和燃尽性能的改善也越有利。

预热燃料的比孔容积随预热燃烧器空气当量比的变化见图 2-38。可以看到煤粉经过预热后，预热燃料的比孔容积较原煤粉的比孔容积增大了将近 7 倍，且预热燃料的比孔容积随预热燃烧器空气当量比的增加而增加，与比表面积随预热燃烧器空气当量比的变化一致。

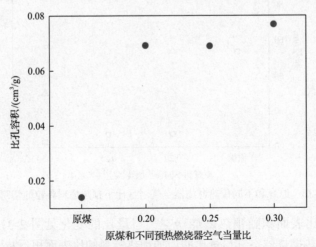

图 2-38　原煤和不同预热燃烧器空气当量比下预热焦炭的比孔容积

前面已经讨论过，比孔容积和比表面积的增加有利于氧气和燃烧产物在焦炭颗粒孔洞内的扩散，对煤粉颗粒的燃烧有促进作用。

预热燃料的平均孔径随预热燃烧器空气当量比的变化见图 2-39。不同预热燃烧器空气当量比下预热燃料的平均孔径较原煤的平均孔径都有所增加。预热燃料平均孔径随预热燃烧器空气当量比的增加而下降，但趋势并不明显。预热使预热燃料颗粒平均孔径增大，说明预热后大孔数目增多，改善了氧化剂和氧化产物的输送特性，也使氧化剂可接触的内表面积增大，氧化反应的有效面积增大，化学燃烧速率增加。

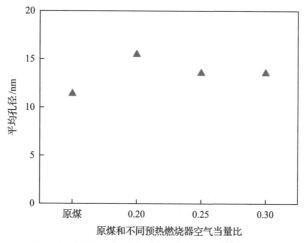

图 2-39　原煤和不同预热燃烧器空气当量比下预热焦炭的平均孔径

2.4.6　气氛的影响

在富氧(O_2/N_2)气氛下，图 2-40 为预热后各组分转化率对比。随着一次风氧气浓度的升高，各组分转化率都增加，直接反映了增加氧气浓度使得循环流化床内化学反应更加剧烈。一方面是因为随着氧气浓度的升高而升高的反应温度促进了化学反应进行；另

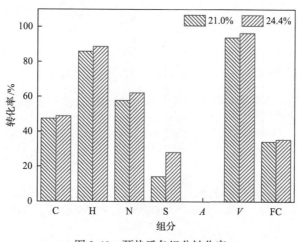

图 2-40　预热后各组分转化率

一方面是因为一次风量的降低导致颗粒停留时间增加，反应更加充分。同时，在预热过程中约有 60% 的燃料氮释放出去，这部分氮转化直接影响燃烧系统的燃料氮的迁移转化路径。

在富氧(O_2/CO_2)气氛下，图 2-41 为预热前后粒径的变化曲线。燃料在经过预热过程后尺寸明显变小。有两个主要的原因：首先，循环流化床内的返混过程造成颗粒之间的碰撞与摩擦；其次，燃料中的挥发分会从焦炭内部释放出来，这一过程也会促使煤颗粒破碎。预热过程后燃料的燃烧反应活性明显提高。

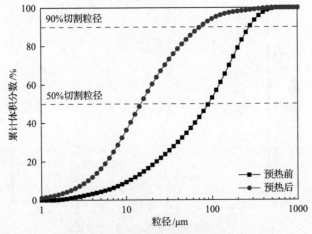

图 2-41　预热前后颗粒粒径分布

原煤及空气气氛和富氧(O_2/CO_2)气氛下不同氧气浓度的预热焦炭的拉曼光谱峰面积比如图 2-42 所示。1350cm^{-1}、1620cm^{-1}、1530cm^{-1} 和 1150cm^{-1} 波段分别称为 D1、D2、D3 和 D4 波段[17]。1580cm^{-1} 波段被为 G 波段。其中，G 波段面积与所有波段面积和之比（G/ALL）与碳结构石墨化程度相关，D3 和 D4 波段面积和与 G 波段面积比［(D3+D4)/G］

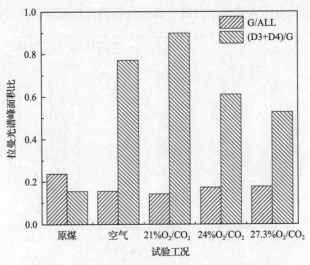

图 2-42　煤粉碳架结构随一次风氧气浓度的变化

则与碳结构活性位点比例相关。与原煤相比，预热焦炭的反应位点比例出现大幅增加，碳结构石墨化程度降低。当富氧气氛下一次风氧气浓度为 21% 时，其碳结构的稳定性低于空气气氛且活性位点比例较高。随着一次风氧浓度的提升，预热焦炭中活性位点比例呈现下降趋势。O_2 在 CO_2 气氛下扩散系数较低，在氧气浓度较低时，C—C 单键断开更易与 O 原子结合生成新的单键（C—O），但是在氧气浓度增大的过程中，CO_2 浓度减小且碳氧单键易被氧化为双键（C=O）或与两个 O 原子相连（COO—），更有利于碳架结构的稳定性。

基于灰分平衡法计算各组分在富氧（O_2/CO_2）预热过程的转化率，典型工况的分析结果总结在表 2-4 和图 2-43 中。预热过程中燃料碳的转化率为 44.47%。这表明大部分的碳（55.53%）还将在燃烧室燃烧。同时，还将有约 50% 的燃料氮在预热过程中释放出来。因此，此部分燃料氮转化在尾部 NO_x 排放上起到关键性作用。

表 2-4　预热焦炭分析

元素分析（质量分数）/%				工业分析（质量分数）/%		
C_{ad}	H_{ad}	N_{ad}	S_{ad}	A_{ad}	V_{ad}	FC_{ad}
78.75	1.56	0.97	0.29	12.88	9.07	73.75

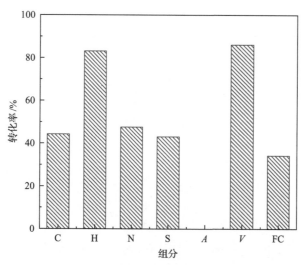

图 2-43　富氧气氛典型工况下预热后组分的转化率

2.5　预热过程能质平衡

本节将详细讲解预热过程能质平衡。通过对预热过程的热量与质量平衡进行计算，得到流态化预热系统中热量和质量的分布，获得流态化预热过程的质量平衡及能量平衡计算程序，可以指导工业规模预热燃烧器的设计，对研究预热系统和燃烧系统的耦合和匹配有重要意义。

此计算涉及两个假设，分别是灰分平衡假设和 N_2 平衡假设。

(1)灰分平衡假设：实验过程中流态化预热装置床层压力稳定，且流态化预热装置不排渣，假设煤中的灰分在预热过程中不发生反应，可以认为进入流态化预热装置的煤粉中的灰分的质量和从旋风分离器出口离开的预热燃料中的灰分的质量相同，即进入和离开流态化预热装置的灰分的质量是平衡的。

(2)N_2 平衡假设：实验中，由于煤中的含 N 量与加入流态化预热装置空气中的 N_2 的量相比可以忽略不计，煤粉中的 N 向 N_2 的转化量也可以忽略不计。那么实验中进入流态化预热装置的空气中的 N_2 的量和离开流态化预热装置的烟气中的 N_2 的量相同，即进入和离开流态化预热装置的 N_2 的质量是平衡的。

2.5.1 预热过程的质量平衡计算

预热过程的质量收入项包括煤粉的质量和通入的空气质量，而质量输出项包括高温煤气的质量、预热焦炭质量和焦油质量。

1. 煤粉的质量 M_1

M_1 为给入预热器内的煤粉质量，由实际操作条件获得，单位为 kg/h。

2. 通入的空气质量 M_2

具体计算如下：

$$M_2 = V_g \rho_g \tag{2-23}$$

式中，V_g 为通入的空气体积，Nm^3/h；ρ_g 为空气的密度，kg/m^3。

3. 高温煤气的质量 M_3

具体计算如下：

$$M_3 = V_{g1} \sum \rho_{g1} Y_j \tag{2-24}$$

式中，V_{g1} 为煤气体积，由 N_2 平衡假设计算获得，Nm^3/h；ρ_{g1} 为高温煤气组分 CO、H_2、CH_4、N_2 和 CO_2 的密度，kg/Nm^3；Y_j 为高温煤气组分($j=$CO、H_2、CH_4、N_2 和 CO_2)的体积分数，%。

4. 预热焦炭质量 M_4

M_4 由预热器出口收集获得。

5. 焦油质量 M_5

M_5 由预热器出口收集获得。

在稳定预热过程中，质量收入项与质量输出项是平衡的，总质量平衡方程为

$$M_1 + M_2 = M_3 + M_4 + M_5 \text{。}$$

2.5.2 预热过程的热量平衡计算

预热过程的热量收入项包括煤粉的化学热、煤的显热、煤中水的显热和空气带入的显热，而热量输出项包括高温煤气的化学热、高温煤气的显热、煤焦油的低位发热量、预热燃料的化学热、预热燃料的固相显热和预热器的散热。

1. 煤粉的化学热 Q_1

Q_1 为给煤量与煤的低位发热量(kJ/kg)的乘积，由煤质分析数据获得。

2. 煤的显热 Q_2

具体计算如下：

$$Q_2 = M_1 c_{p2} T_c \tag{2-25}$$

式中，c_{p2} 为煤的比热容，kJ/(kg·℃)；T_c 为煤的加入温度，℃。

3. 煤中水的显热 Q_3

具体计算如下：

$$Q_3 = m_1 c_{p3} T_c \tag{2-26}$$

式中，m_1 为煤中含有的水的质量，由煤质分析数据获得，kg/h；c_{p3} 为水的比热容，kJ/(kg·℃)。

4. 空气带入的显热 Q_4

具体计算如下：

$$Q_4 = M_2 c_{p4} T_{A1} \tag{2-27}$$

式中，c_{p4} 为空气的比热容，kJ/(kg·℃)；T_{A1} 为通入的一次风温度，℃。

5. 高温煤气的化学热 Q_5

具体计算如下：

$$Q_5 = V_{g1} Q_{dr.g} \tag{2-28}$$

式中，V_{g1} 为煤气体积；$Q_{dr.g}$ 为高温煤气的低位发热量，kJ/Nm³。

$$Q_{dr.g} = \sum Q_{dr.i} Y_i \tag{2-29}$$

式中，$Q_{dr.i}$ 为高温煤气组分CO、H_2和CH_4的低位发热量，kJ/m³；Y_i 为高温煤气组分(i=CO、H_2 和 CH_4)的体积分数，%。

6. 高温煤气的显热 Q_6

具体计算如下：

$$Q_6 = V_{g1}T_e \sum \rho_{g1}Y_j c_{p,j} \tag{2-30}$$

式中，T_e 为旋风分离器出口温度，℃；$c_{p,j}$ 为高温煤气组分（j=CO、H_2、CH_4、N_2 和 CO_2）的比热容，kJ/(kg·℃)。

7. 煤焦油的低位发热量 Q_7

Q_7 为生成的焦油质量与焦油的低位发热量（kJ/kg）的乘积，由分析数据获得。

8. 预热燃料的化学热 Q_8

Q_8 通过元素分析与工业分析获得。

9. 预热燃料的固相显热 Q_9

具体计算如下：

$$Q_9 = M_4 c_{p9} T_e \tag{2-31}$$

式中，c_{p9} 为预热燃料固相的比热容，kJ/(kg·℃)。

10. 预热器的散热 Q_{10}

Q_{10} 为预热器向环境的散热量。

在稳定预热过程中，热量收入项与热量输出项是平衡的，总热量平衡方程为 $Q_1 + Q_2 + Q_3 + Q_4 = Q_5 + Q_6 + Q_7 + Q_8 + Q_9 + Q_{10}$。

参 考 文 献

[1] Takeuchi H, Hirama T, Chiba T, et al. A quantitative definition and flow regime for fast fluidization[J]. Powder Technology, 1986, 47(2): 195-199.

[2] 路春美，程世庆，王永征，等. 循环流化床锅炉设备与运行[M]. 2 版. 北京: 中国电力出版社, 2008.

[3] 杜广生，田瑞，王国玉，等. 工程流体力学[M]. 2 版. 北京: 中国电力出版社, 2014.

[4] 叶超，王芳，胡红松. 旋流式气液分离器压降计算模型的应用探讨[J]. 低温与超导, 2011, 39(6): 41-47.

[5] Ogawa A, Seito O, Nagabayashi H. Distributions of the tangential velocity on the dust laden gas flow in the cylindrical cyclone[J]. Particulate Science and Technology, 1988, 6(1): 17-28.

[6] Chen J, Shi M. A universal model to calculate cyclone pressure drop[J]. Powder Technology, 2007, 171(3): 184-191.

[7] Bai D, Jin Y, Yu Z. Flow regimes in circulating fluidized beds[J]. Chemistry Engineering & Technology, 1993, 16(5): 307-313.

[8] Gil A, Romeo L M, Cortés C. Effect of the solid loading on a PFBC cyclone with pneumatic extraction of solids[J]. Chemical Engineering & Technology, 2002, 25(4): 407-415.

[9] Koornneef J, Junginger M, Faaij A. Development of fluidized bed combustion-an overview of trends, performance and cost[J]. Progress in Energy & Combustion Science, 2007, 33(1): 19-55.

[10] Im-Orb K, Simasatitkul L, Arpornwichanop A. Analysis of synthesis gas production with a flexible H$_2$/CO ratio from rice straw gasification[J]. Fuel, 2016, 164(15): 361-373.

[11] Liu J, Zhu Z, Jiang H, et al. Gasification of bituminous coal in a Dual-Bed system at different air/coal ratios[J]. Energy & Fuels, 2015, 29(2): 496-500.

[12] Ding H, Ouyang Z, Zhang X, et al. The effects of particle size on flameless combustion characteristics and NO emissions of semi-coke with coal preheating technology[J]. Fuel, 2021, 297(1): 120758.

[13] Xu W, Kumagai M. Nitrogen evolution during rapid hydropyrolysis of coal[J]. Fuel, 2002, 81(18): 2325-2334.

[14] Liu G, Benyon P, Benfell K E. The porous structure of bituminous coal chars and its influence on combustion and gasification under chemically controlled conditions[J]. Fuel, 2000, 79(6): 617-626.

[15] Zhu J, Yao Y, Lu Q, et al. Experimental investigation of gasification and incineration characteristics of dried sewage sludge in a circulating fluidized bed[J]. Fuel, 2015, 150(15): 441-447.

[16] Rouquerol J, Avnir D, Fairbridge C W, et al. Recommendations for the characterization of porous solids (technical report)[J]. Pure & Applied Chemistry, 1994, 66(8): 1739-1758.

[17] Zaida A, Bar-Ziv E, Radovic L R, et al. Further development of Raman microprobe spectroscopy for characterization of char reactivity[J]. Proceedings of the Combustion Institute, 2007, 31(2): 1881-1887.

第3章

预热燃料燃烧机制

与以往燃烧技术中将单一固相煤粉作为燃烧燃料相比,煤粉经过流态化预热后是以气相与固相混合的高温预热燃料进行燃烧。同时,现有燃烧技术中煤粉通常是"冷煤粉",而流态化预热燃烧技术中的输入反应物主要是"热煤气"与"热煤粉",上述输入反应物的物化状态不同必将导致燃烧特性的差异。从而,预热燃料的燃烧机制需重新探索与建立。本章内容将主要从预热燃料的燃烧温度分布规律、燃烧火焰形态、燃烧过程的碳转化特性与燃尽特性等方面阐释预热燃料燃烧机制。

3.1 预热燃料的燃烧特性

3.1.1 预热燃料的燃烧温度分布

在常规煤粉燃烧中,燃烧过程主要分为三个阶段:第一阶段是燃料颗粒受热释放出气相的挥发分;第二阶段是气相挥发分的燃烧;第三阶段是固相焦炭的燃烧与燃尽。而预热后的高温预热燃料的燃烧模式与常规煤粉燃烧有本质的区别。首先,煤粉在循环流化床式预热燃烧器内气化与部分燃烧,预热过程中燃料的大部分挥发分析出,且化学反应放热将燃料加热,产生的高温预热焦炭和高温预热煤气再进入燃烧室燃烧。其中,高温预热焦炭的主要组成是可燃有机质和灰分,而高温预热煤气的主要可燃物成分是 CO、CH_4 和 H_2。因此,预热燃烧技术将煤粉的挥发分析出和可燃质燃烧过程解耦,将煤粉燃烧过程分成两个连续过程,此时燃烧室内的主要燃烧反应为高温预热焦炭和高温预热煤气的直接燃烧,极大地缩短了着火延迟等过程。

高温预热焦炭和高温预热煤气进入燃烧室后与二次风相遇,迅速地直接燃烧放热,典型预热燃烧室温度分布见图 3-1。与常规煤粉燃烧的温度分布相比,预热燃料的燃烧温度在整个燃烧区域内分布均匀,没有局部高温区,燃烧室最大温差也较低(低于 400℃),远低于常规煤粉炉燃烧的炉膛温差[1,2]。

预热燃料在燃烧室入口区域的燃烧温度较高,且没有明显的升温过程;而常规煤粉燃烧中燃烧室入口区域温度较低,且有明显的升温过程。这是因为常规煤粉燃烧过程要依靠气相挥发分的着火来引燃固相焦炭,存在煤粉的着火延迟现象,导致煤粉进口处温度较低。在预热燃料的燃烧过程中,高温预热焦炭的自身温度超过 800℃,远高于其自身着火点,且高温煤气与氧气相遇后可迅速直接燃烧放热,使得高温预热燃料的燃烧极

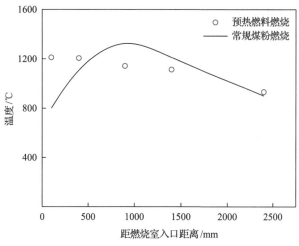

图 3-1　典型预热燃烧室温度分布

大地缩短了着火延迟过程。煤粉的预热过程相当于将常规煤粉燃烧的着火过程转移到了预热燃烧器中进行，同时由于预热燃烧器中床料热容量大，常温的煤粉加入到预热燃烧器内就可以迅速地被加热到煤粉着火点以上。因此，煤粉预热燃烧器可以很好地解决煤粉的着火和稳燃问题。

高温预热焦炭和高温预热煤气温度较高，遇到气相氧化剂（如空气）后即可直接燃烧放热，因此燃烧室内的预热燃料燃烧不存在熄火问题，并具有很好的稳定性。燃烧室内的燃烧主要分为两个部分：一部分是高温预热焦炭的燃烧；另一部分是高温预热煤气的燃烧。高温预热焦炭的燃烧是异相化学反应，而高温预热煤气的燃烧是均相化学反应，与预热焦炭的异相燃烧相比，高温预热煤气的燃烧更容易发生和进行，且燃烧速率更快。高温预热煤气与气相氧化剂相遇后迅速直接燃烧释放热量，释放的热量对预热焦炭进行加热，进一步促进了预热焦炭的燃烧。煤粉预热燃烧技术改变了常规的煤粉燃烧方式，从根本上解决了煤粉的着火和稳燃问题。

3.1.2　燃烧速率控制模式

燃烧室内的预热燃料燃烧主要分为预热焦炭的燃烧和高温预热煤气的燃烧，高温预热煤气的燃烧速率较快，瞬间即可完成，而预热焦炭的燃烧反应进行得较慢，因此燃烧室内的整体燃烧速率取决于预热焦炭的燃烧速率。

预热焦炭的燃烧反应是异相化学反应，反应过程复杂，而且预热焦炭是一种多孔性燃料，其孔隙结构对预热焦炭的燃烧特性有很大的影响。不同的预热反应温度能够使预热焦炭产生不同的孔隙结构，进而改变焦炭的反应特性。焦炭的燃烧速率既取决于化学反应速率，又取决于氧气扩散到碳表面的速度：当温度较低时，化学反应速率较低，而氧气的扩散输运速率能够满足焦炭燃烧反应的需求，氧气扩散输运速率不是燃烧反应的主要阻力，此时焦炭的燃烧速率取决于化学反应速率；当温度较高时，化学反应速率较高，而氧气的扩散输运速率无法抵消氧气的消耗速率，此时氧气的扩散输运速率成为决定焦炭燃烧反应速率的主要因素[3,4]。

预热焦炭的燃烧速率与温度、颗粒直径和氧气浓度等因素有关，具体的关系可总结如下：

$$\frac{dm_p}{dt} = -\pi k \rho_p d^2 P X_{O_2}$$ (3-1)

式中，m_p 为预热焦炭的质量，kg；k 为反应速率常数；d 为颗粒直径，m；ρ_p 为颗粒密度，kg/m³；P 为压力，kPa；X_{O_2} 为氧气浓度，%。

反应速率常数 k 可表示如下[5,6]：

$$k = \frac{1}{1/k_c + 1/k_d}$$ (3-2)

式中，k_c 为化学反应速率常数；k_d 为扩散速率常数。反应速率常数 k 既考虑了燃料的化学反应性质（由 k_c 决定），又考虑了氧气扩散到颗粒表面的特性（由 k_d 决定）。

k_c 可由阿伦尼乌斯定律确定：

$$k_c = A\exp\left(\frac{-E}{RT}\right)$$ (3-3)

式中，A 为指前因子；E 为活化能，kJ/mol；R 为摩尔气体常数；T 为颗粒温度，K。预热焦炭的部分燃烧动力学参数可以在热重分析仪测得，利用如 Coats-Redfern 积分法计算得到活化能。

由传质学可知，扩散速率常数由式(3-4)确定：

$$k_d = D(Nu)_k / d$$ (3-4)

式中，$(Nu)_k$ 为氧扩散的努塞特数；D 为氧分子扩散系数，燃烧过程中取 1.86×10^{-5} m/s[5]；d 为颗粒直径，m。

由经验公式[7]可得

$$(Nu)_k = 2(1 + 0.008 Re^{2/3})$$ (3-5)

式中，Re 为由煤粒与主气流相对运动速度计算得到的雷诺数。

在燃烧室内，预热焦炭由于粒径很小且轻，由预热煤气和气相氧化剂携带颗粒流动，因而其与气流的相对运动速度很小，可以认为 $Re \approx 0$，则可近似认为 $(Nu)_k = 2$，代入式(3-4)，得扩散速率常数：

$$k_d = 2D / d$$ (3-6)

经过上述计算，预热焦炭在燃烧室内的燃烧速率主要受到氧气扩散速率的影响，处于扩散燃烧控制模式。

3.1.3　预热燃料的燃烧过程

预热燃料的燃烧过程可分为发生在碳粒内部和表面的非均相燃烧反应以及发生在空气中的均相燃烧反应。同时，根据碳粒表面温度的不同，燃烧反应方式也不同。

在温度较低时（<1200℃），碳粒表面的燃烧反应按以下方式进行[8]：

$$4C+3O_2 \longrightarrow 2CO+2CO_2 \tag{3-7}$$

此时，碳粒表面生成的 CO 和 CO_2 会向外扩散，而 CO 在扩散过程中遇氧气发生燃烧反应又生成 CO_2。

在温度较高时（≥1200℃），燃烧反应按如下方式进行：

$$3C+2O_2 \longrightarrow 2CO+CO_2 \tag{3-8}$$

此时，由于反应温度高，碳粒表面发生了强烈的气化反应：

$$C+CO_2 \longrightarrow 2CO \tag{3-9}$$

预热燃料的燃烧温度通常控制在 1200℃以内，因此燃烧室中发生在碳粒表面的非均相燃烧反应主要是按照式(3-7)进行的。

通常，碳粒表面的主要产物是 CO，从颗粒表面扩散出去的 CO 会穿过碳粒表面的边界层，与向内部扩散的 O_2 结合被氧化生成 CO_2。典型工况下 CO 浓度沿程分布见图 3-2。在燃烧室入口区域内，CO 的浓度迅速下降到较低水平。预热煤气中 CO 进入燃烧室后与二次风相遇即被快速氧化为 CO_2，由于高温煤气中 CO 的浓度和温度较高，所以 CO 和 O_2 的反应速率很快，导致 CO 浓度在进入燃烧室后迅速下降。在下游区域内焦炭表面 CO

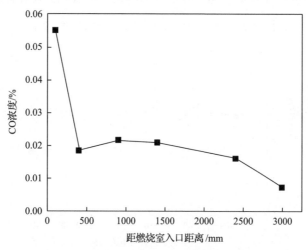

图 3-2　典型工况下 CO 浓度沿程分布

的生成速率低于环境中 CO 的消耗速率，CO 的浓度继续下降。燃尽风喷入燃烧室后，高温焦炭与 O_2 接触反应导致表面产生大量的 CO，使得 CO 的浓度略有升高。随后这部分 CO 迅速被氧化生成 CO_2，导致其浓度沿程持续降低。最终燃烧室出口的 CO 浓度可以保持在较低水平。

典型工况下 CO_2 浓度沿程分布见图 3-3。在燃烧室入口区域内 CO_2 浓度从 14.69% 下降到 5.6%，主要原因是二次风的稀释作用，在此区域内 CO_2 也在生成，但是二次风的稀释作用更加明显，表现出来就是 CO_2 的浓度在降低。随着燃烧反应的进行，更多的 CO 逐渐从焦炭表面生成并被氧化为 CO_2，燃尽风喷入后的 CO_2 的浓度基本保持不变。

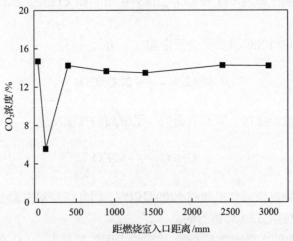

图 3-3　典型工况下 CO_2 浓度沿程分布

典型工况下 O_2 浓度沿程分布见图 3-4。相较于燃烧室入口二次风的 O_2 浓度为 21%，在喷口区域内 O_2 的浓度大幅降低（将近一半），表明高温预热焦炭和高温预热煤气与 O_2 相遇后迅速直接燃烧，反应速率较快，在较短的时间内消耗大量 O_2，使其浓度快速降低。O_2 浓度随着燃烧沿程不断降低。燃尽风喷入前的燃烧室区域为还原区，由于还原区空间

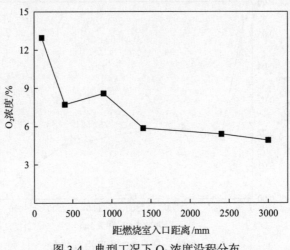

图 3-4　典型工况下 O_2 浓度沿程分布

有限且空气当量比较高，还原区内 O_2 的浓度并没有降低到零，表明区域内为弱还原性气氛。当燃尽风喷入燃烧室后，反应气氛由弱还原性气氛转变为氧化性气氛，O_2 的浓度有所增加，但随着未燃炭的燃烧沿程进行，O_2 的浓度逐渐降低，最终出口 O_2 浓度控制在 6% 以下。

3.2 燃烧温度分布规律

掌握燃烧温度分布规律是认识和理解预热燃料燃烧机制的基本要求。燃烧温度分布不仅反映了燃烧稳定性和温度场等燃烧特性，还能够从侧面表征反应物的浓度场等反应特性，为揭示预热燃烧的反应机理提供数据参考。本节将分别讨论不同碳基燃料、预热条件、配风方式和气氛等变量对燃烧温度分布的影响规律。

3.2.1 不同碳基燃料的影响

在相同的预热条件和配风方式下，典型工况下不同碳基预热燃料的燃烧温度分布见图 3-5。不同碳基预热燃料的燃烧温度分布基本相同，燃烧温度沿程均呈现出先升高后缓慢下降的趋势。预热燃料的燃烧最高温度点距离喷口有一定距离，从喷口处到最高温度点的区域内温度是升高趋势，但喷口附近温度也能达到 1000℃ 以上，表明不同碳基预热燃料进入燃烧室后都能迅速直接燃烧。从最高温度点到燃烧室出口的区域内，燃烧沿程的可燃物质量逐渐降低，表现为沿程温度逐渐下降。同时，相比常规煤粉燃烧都要高于 1400℃ 以保证较高的燃烧效率，预热燃料燃烧的最高温度始终低于 1300℃，也能够保证较高的燃烧效率。同时，在此温度区间内完成燃烧过程，也能够避免高温燃烧产生的热力型氮氧化物，有利于大幅度降低原始 NO_x 排放浓度。不同碳基预热燃料在燃烧室的燃烧温度分布均匀，没有局部高温区的存在，这有效抑制了局部结焦和热力型氮氧化物的

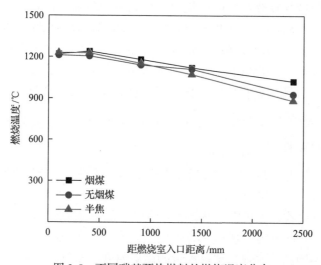

图 3-5 不同碳基预热燃料的燃烧温度分布

产生，也从侧面反映了预热燃料的燃烧反应更加趋近于空间弥散燃烧，即燃烧反应在整个反应空间内完成，从而提高了化学反应速率和燃烧效率。

在常规煤粉燃烧中，挥发分含量的高低是造成不同煤种着火难易程度不同的关键因素，挥发分含量较高的烟煤易燃，而挥发分含量较低的无烟煤则难燃，两种燃料在着火和燃烧特性上有着显著差异。而经过流态化预热后，挥发分析出和着火的过程都提前到预热过程中进行，并且该过程释放热量使得预热燃料的物理显热大幅提升，而后续燃烧室内只进行高温预热煤气和高温预热焦炭的燃烧，其中高温预热煤气与气相氧化剂接触即快速燃烧，能够为高温预热焦炭的着火和稳燃提供持续的能量供应，高温预热焦炭燃烧过程的燃烧速率均较慢，导致两种煤的预热燃料在燃烧室中的热量释放规律差别不大。同时，难燃无烟煤也能在较低燃烧温度(1300℃以下)下实现高效燃烧，与烟煤的燃烧特性类似。由于烟煤的预热煤气含有较多的可燃组分，其着火过程较为迅速，因而燃烧室内靠近预热燃料喷口区域的燃烧温度更高。可见流态化预热燃烧技术能够显著改善难燃燃料(如无烟煤和半焦)的燃烧特性。

为便于分析预热燃料的燃烧强度及燃烧反应的均匀性，定义了空间平均燃烧温度 T_{mean} 及无量纲的燃烧温度波动系数 T'，计算公式为[9]

$$T_{\text{mean}} = \frac{\int T \mathrm{d}V}{\int \mathrm{d}V} \tag{3-10}$$

$$T'^2 = \frac{\int \left(\frac{T - T_{\text{mean}}}{T_{\text{mean}}}\right)^2 \mathrm{d}V}{\int \mathrm{d}V} \tag{3-11}$$

式中，T 为各燃烧平面的平均温度，K；V 为燃烧区域的体积，m^3。

挥发分较高的烟煤预热燃料的燃烧温度波动系数较大，而挥发分较低的预热燃料的燃烧温度波动系数较小。由于挥发分较低的预热燃料以高温焦炭为主，其燃烧速率慢而燃烧区域广，使得预热燃料的燃烧温度分布更加均匀。挥发分较高的预热燃料在燃烧室上游区域依靠预热煤气释热完成大部分焦炭的燃尽，少量未燃炭在下游区域燃烧，表现为燃烧反应和热量释放集中在上游区域，使得烟煤预热燃料的燃烧温度波动较大。

3.2.2 预热条件的影响

燃料粒径、预热温度和预热空气当量比等预热条件决定了预热燃料的特性，包括煤粉预热后的焦炭特性、高温煤气成分、温度、焦炭颗粒的孔隙结构等，而预热燃料作为后续燃烧的输入反应物，直接影响燃烧温度分布等燃烧特性，因此预热条件是影响预热燃料的燃烧温度分布的关键因素之一。

典型工况下不同粒径的煤粉预热燃料的燃烧温度分布见图 3-6。不同粒径的煤粉经过流态化预热后均可以实现稳定的燃烧，燃烧温度分布均匀，燃烧区域最大温差较低，没有局部高温区。随着煤粉粒径的增加，整体燃烧温度逐步下降。随着燃料颗粒粒径的增加，高温预热煤气中的可燃组分(CO、CH_4 和 H_2)份额呈下降趋势。同时，粒径较小的煤粉颗粒经预热后产生的高温焦炭颗粒粒径也较小，比表面积较大，进而提升了预热焦炭的反应活性，进入燃烧室后高温预热焦炭在预热煤气燃烧释热的支持下能够有更好的燃烧效果，表现为预热燃料与助燃空气良好地混合燃烧，因此其燃烧温度较高。粒径较大的煤粉预热后可燃煤气组分含量较低，预热焦炭颗粒尺寸较大、比表面积较小，因此其预热燃料的燃烧反应速率较慢，造成燃烧温度较低。

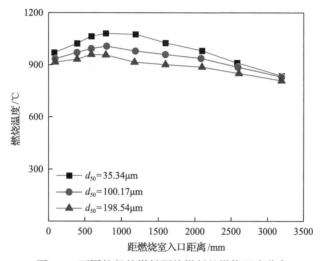

图 3-6　不同粒径的煤粉预热燃料的燃烧温度分布

典型工况下预热温度为 800～950℃的预热燃料的燃烧温度分布见图 3-7。不同预热温度下，燃烧室内最高温度相近，都低于 1300℃，整个燃烧室温度分布均匀，最大温差也低于 400℃。预热温度的提升有利于预热燃料中预热有效煤气含量的增加，是有利于

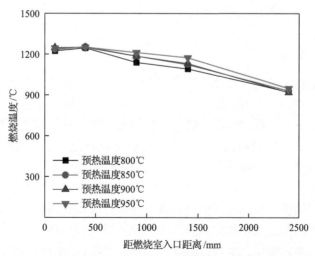

图 3-7　预热温度为 800～950℃的预热燃料的燃烧温度分布

后续燃烧的,但预热温度的提升可能会造成焦炭孔隙结构的部分坍塌,进而减少焦炭与氧气反应的接触面积,是不利于后续燃烧的。因此,预热温度对燃料燃烧温度分布的影响是上述因素的综合效果。燃烧室入口区域没有明显的升温区,说明预热燃料与二次风相遇后迅速直接燃烧,不存在着火延迟。随着预热温度的升高,燃烧室整体温度略有升高,但影响并不显著,说明燃料只要经过预热过程且达到较高的温度,就可以在燃烧室实现稳定的燃烧。

典型工况下不同预热空气当量比下的燃烧温度分布见图 3-8。在燃烧室还原区空气当量比和总过量空气系数相同的条件下,即预热空气当量比提高的过程中二次风当量比等比例降低以维持燃烧室还原区当量比不变,提高预热空气当量比会使得预热有效煤气成分增加,但二次风氧气量的减少会降低燃烧室入口区域燃烧温度,抵消了预热燃料特性提升带来的效果,使得预热燃料的燃烧温度分布基本相同,说明预热空气当量比对燃烧温度分布影响较小。

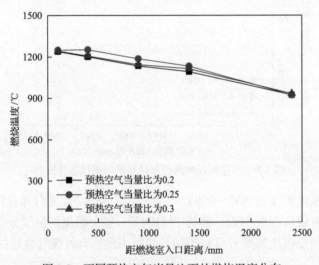

图 3-8 不同预热空气当量比下的燃烧温度分布

3.2.3 配风方式的影响

通过预热燃烧技术结合空气分级技术手段可以实现煤粉的高效低氮燃烧。预热燃料首先在贫氧条件下燃烧,人为创造还原性气氛,提高燃料氮的被还原率和抑制 NO_x 的生成;然后在燃烧室下游区域的合适位置通入燃尽风,燃烧气氛转变为氧化性气氛,在充足的燃尽时间内完成燃料的高效燃烧。上述过程可以有效降低预热燃料燃烧中 NO_x 的排放,同时保持较高的燃烧效率。

燃烧室内配风方式对预热燃料的燃烧特性有重要的影响,主要配风影响因素包括二次风当量比、燃尽风位置和总过量空气系数。其中,与预热燃料一同进入燃烧室的配风为二次风,其主要作用是为预热燃料的着火和稳燃提供氧化剂。二次风喷口可以与预热燃料喷口组合成一体化喷口,也可以独立于预热燃料喷口而单独布置。燃烧沿程进入燃烧室的配风为燃尽风,其主要为预热燃料的燃烧和燃尽提供氧化剂。另外,燃尽风可以单层布置，也可以多层布置，在最后一级燃尽风喷入前的燃烧区域为还原区。

保证预热燃烧器空气当量比及总过量空气系数不变，典型工况下不同二次风当量比的预热燃料的燃烧温度分布见图 3-9，其中二次风当量比为二次风流率与理论燃烧空气流率的比值。燃烧室内预热燃料的燃烧温度变化较为平缓，燃烧室入口区域有温度升高到最高温度点的变化过程，下游区域内燃烧温度逐渐平稳下降，燃尽风喷入处温度也并未出现波动。二次风对于预热燃料燃烧的影响主要体现在燃烧室的上游区域：随着二次风当量比增大，燃烧室上游区域内的温度降低。在二次风当量比较小时，二次风当量比的增大对于燃烧温度变化的影响较小；当二次风当量比较大时，进入燃烧室的冷空气增多，冷空气与高温燃料和烟气掺混而导致燃烧室入口附近温度整体下降，进而燃烧效果变差，使得增大二次风当量比对燃烧室上游区域的温度影响则相对较大。燃烧室喷入燃尽风后的燃烧温度分布曲线基本一致。为了达到更加均匀的燃烧温度分布，不能仅通过改变二次风当量比来改变着火和稳燃的影响空间，而且二次风当量比的增加范围也有限。

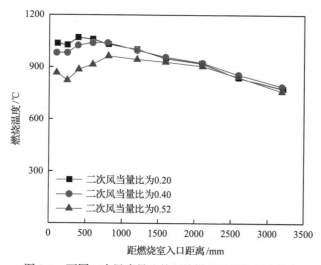

图 3-9　不同二次风当量比的预热燃料的燃烧温度分布

当预热空气当量比和二次风当量比保持不变，即输入燃烧室的燃料流相同时，仅改变燃尽风通入位置可以调控还原区停留时间，进而影响燃烧温度的分布特性。进入燃烧室的预热燃料的温度高于 800℃，常温空气（二次风）供入燃烧室后，预热燃料能够迅速、稳定地燃烧，燃烧沿程温度分布均匀。典型工况下不同燃尽风位置的燃烧温度分布如图 3-10所示。由于三个工况中预热燃料通入量和二次风量相同，燃烧室入口处主要为高温预热煤气的燃烧，此区域内温度基本相同。在燃尽风喷入前的还原区内，由于氧气供应量不足，高温焦炭不能燃尽。燃尽风从不同位置加入后，高温焦炭的燃烧释热量和燃尽程度均不同，造成燃烧沿程温度分布发生变化。随着燃尽风通入位置的后移，高温焦炭在还原区内的停留时间增加，受限于氧气供应量，即使停留时间足够氧气完全被反应消耗掉，也仍有未燃炭需要额外的氧气来反应，当燃尽风喷入后，未燃炭才会燃尽释放热量，导致燃料中更多热量在燃烧下游释放，使得布置在最后方位置的燃尽风喷口附近的燃烧温度较高。

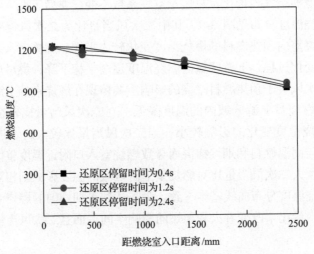

图 3-10 不同燃尽风位置的燃烧温度分布

当燃尽风布置层数由单层变为两层时，可使第一层燃尽风前的区域内还原性气氛增强，在不影响预热燃烧着火和稳燃的条件下，有利于燃料氮的还原反应。同时，为保证最后一层燃尽风前的燃尽风当量比一致，即保证燃尽前有较好的燃料氮还原效果，可以仅改变二次风当量比和第一层燃尽风的空气当量比。此时预热燃料的燃烧温度分布见图 3-11。当向燃烧室喷入少量的第一层燃尽风时，燃烧室的整体燃烧温度提升，此过程促进了挥发分的燃尽和焦炭的初始燃烧，以放热反应为主；而向燃烧室喷入第一层燃尽风风量过多时，会恶化燃烧过程，降低整体燃烧温度，此过程以冷燃尽风的掺混降温为主。同时，向燃烧室喷入第一层燃尽风对燃烧室入口至第一层燃尽风区域的燃烧温度影响不大，而对燃烧室下游区域的燃烧温度影响较大。

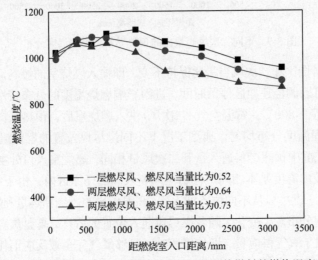

图 3-11 多层燃尽风下不同燃尽风当量比的预热燃料的燃烧温度分布

典型工况下不同总过量空气系数的预热燃料的燃烧温度分布见图 3-12。总过量空气系数的增加是通过增加燃尽风风量实现的。随着总过量空气系数的增加，燃烧室内燃尽风喷入前的还原区温度基本保持不变，而燃尽区的温度水平降低。这是因为，燃烧系统的总烟气量随着总过量空气系数的增加而增加，在燃烧室内的总热量不变的情况下，烟气量的增加将导致燃尽区温度降低。

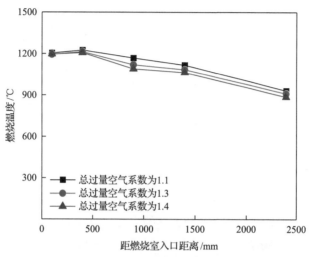

图 3-12　不同总过量空气系数的预热燃料的燃烧温度分布

除了二次风当量比、燃尽风位置和总过量空气系数等关键配风方式，预热燃料与氧化剂在燃烧室入口的掺混方式对于燃烧温度分布也至关重要。燃烧系统内可以通过不同的预热燃料喷口结构、预热燃料或二次风的喷射速度等来直接影响预热燃料与氧化剂的掺混程度。当两者掺混程度较好时，燃烧室入口区域的温度场均匀且浓度场均匀，即每个燃料颗粒与氧气发生反应的概率接近，避免了局部高温区，既提升了燃尽率又有利于氮氧化物的还原反应。

3.2.4　气氛的影响

与预热燃料发生燃烧反应的氧化剂可以是空气，也可以是其他含氧气体，主要的反应过程均是预热燃料与氧气的化学反应。在空气中添加氧气作为反应氧化剂，通过增加氧气浓度能够提高氧气分子与燃料的接触频率，进而显著提高化学反应速率，提高煤粉的燃烧效率。

富氧 (O_2/N_2) 气氛下不同氧气浓度的预热燃料的燃烧温度分布见图 3-13。随着整体氧气浓度的升高，燃烧室沿程的燃烧温度也升高。燃烧系统内保持总氧气量不变，氧气浓度的增加是以降低空气量为前提的，故燃烧烟气量会下降，即排烟热损失会降低，而排烟热损失是燃烧系统散热的主要影响因素之一，则燃烧系统的散热量减少。另外，由于惰性气体氮气的量也随着氧气浓度的升高而减少，氧气在气相反应物中的扩散速度增加也会增加化学反应速率，进而提高燃烧温度。

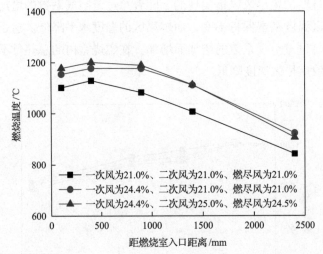

图 3-13　富氧(O_2/N_2)气氛下不同氧气浓度的预热燃料燃烧温度分布

将再循环烟气重新引入燃烧室入口，且添加氧气作为氧化剂与煤粉燃烧是一种燃烧中有效富集 CO_2 的煤粉燃烧技术，其助燃剂的主要组成为 O_2 和 CO_2。当氧气浓度与空气的 21%氧气浓度保持一致时，由于 O_2 在 CO_2 气体中的扩散速率降低，且 CO_2 热容较高，O_2/CO_2 气氛下的燃烧温度较低。通常，O_2/CO_2 气氛下氧气浓度为 27%～30%时的燃烧温度与空气气氛的燃烧温度相近。

在富氧(O_2/CO_2)气氛下，不同燃尽风位置的燃烧温度分布见图 3-14。在燃烧室入口区域附近喷入高浓度氧气，会提升上游区域内挥发分的燃尽速率以及高温焦炭的着火和燃烧反应速率，进而增强燃烧强度，使得燃烧室入口处的温度随着燃尽风位置的靠近而升高。因为足够的高氧气浓度的燃尽风喷入，燃尽区的预热燃料均在较高的化学反应速

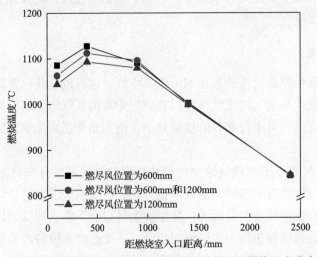

图 3-14　富氧(O_2/CO_2)气氛下不同燃尽风位置的燃烧温度分布

率下燃烧，故燃尽区的燃烧温度分布相近。

富氧(O_2/CO_2)气氛下，不同氧气浓度时的燃烧温度分布见图 3-15。随着预热燃烧器氧气浓度的增加，燃烧室入口处较高浓度的煤气（H_2、CO 和 CH_4）和较高的煤气热值使得燃烧室上游区域的温度增加。同时，随着二次风氧气浓度的增加，氧气在气相反应物中的扩散速率增加，这增强了氧气与预热燃料，特别是预热焦炭的反应剧烈程度，造成燃烧室上游区域的温度增加。氧化剂体积减小引起烟气量减少，因此所带走的烟气热损失也减少，综合效果是燃烧下游区域的温度也随之增加。当增加燃尽风氧气浓度时，由于氧气扩散速率增加和烟气体积减小的综合作用，在燃尽风喷入之后区域的温度随之增加。

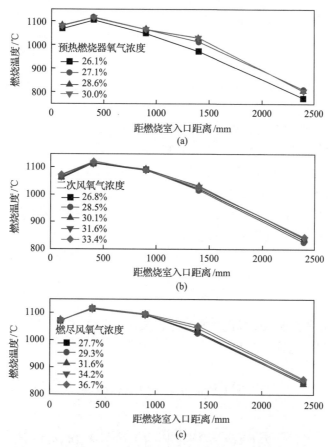

图 3-15　富氧(O_2/CO_2)气氛下不同氧气浓度的燃烧温度分布

3.3　燃烧火焰形态

预热燃料的燃烧火焰形态是燃烧效果的直观表征。典型工况下通过观火窗拍摄的预热燃料的燃烧沿程火焰图片见图 3-16。燃烧室内没有明显的火焰锋面存在，亮度较为均匀，没有高亮区，可以明显看到预热燃料喷口和插进燃烧室内的热电偶。

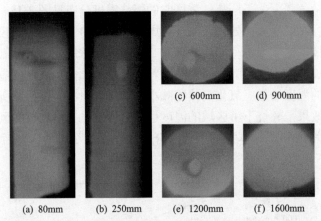

(c) 600mm   (d) 900mm

(a) 80mm   (b) 250mm   (e) 1200mm   (f) 1600mm

图 3-16 　预热燃料的燃烧沿程火焰图片(距燃烧室入口距离)

利用数码相机拍摄燃烧室内的火焰燃烧视频，并结合 MATLAB 软件可以对视频进行后处理，具体处理过程如下。

(1)对火焰燃烧视频进行解帧，获得大量相关图片。

(2)对解帧后的图片进行灰度处理，获得灰度值图片。

(3)对相关图片进行平均处理，获得平均灰度值图片。

(4)计算每幅图片的相关性序数。

假设第一帧中某点的亮度为 $X(n_1,n_2)$，其后的第 n 幅图片相同位置的亮度为 $X_n(n_1,n_2)$，图片的平均值矩阵为 $\boldsymbol{X}$，则相关性函数为

$$C = \sum_{n_1=1}^{M_1} \sum_{n_2=2}^{M_2} X(n_1,n_2) X_n(n_1,n_2) \tag{3-12}$$

式中，M_1 和 M_2 分别为单帧图像内水平和竖直像素的点数。

相关性函数归一化后定义为[10]

$$C_n = \frac{\sum_{n_1=1}^{M_1} \sum_{n_2=2}^{M_2} \left[X(n_1,n_2) - \overline{X} \right] \cdot \left[X_n(n_1,n_2) - \overline{X_n} \right]}{\sqrt{\sum_{n_1=1}^{M_1} \sum_{n_2=2}^{M_2} \left[X(n_1,n_2) - \overline{X} \right]^2} \cdot \sqrt{\sum_{n_1=1}^{M_1} \sum_{n_2=2}^{M_2} \left[X_n(n_1,n_2) - \overline{X_n} \right]^2}} \tag{3-13}$$

式中，$\overline{X}$ 和 $\overline{X_n}$ 分别为第一和第 n 帧的平均像素强度。

由上述方法可以获得火焰图片亮度随时间的波动性曲线，该曲线可以反映燃烧区域的燃烧稳定特性，包括流动过程的稳定性以及燃烧过程的稳定性。

本节将结合燃烧温度分布特性来详细讨论不同碳基燃料、预热条件、配风条件和气氛等变量对预热燃料的燃烧火焰形态的影响规律。

3.3.1 不同碳基燃料的影响

不同碳基预热燃料的燃烧沿程火焰图片见图 3-17。高挥发分烟煤和低挥发分半焦的预热燃料燃烧时，整个燃烧区域的亮度均比较均匀，可以清晰地看见燃烧室入口的预热燃料喷口以及内壁面，无明显火焰锋面存在。当挥发分含量继续降低时，超低挥发分的气化细粉灰预热燃料燃烧时亮度则不均匀，其燃烧室入口区域明显偏暗，燃烧室下游区域则较为明亮，这是由于超低挥发分燃料的预热燃料中煤气可燃组分少，在燃烧室入口处的煤气燃烧和焦炭显热并不能使得挥发分含量更低的焦炭着火和燃烧，即出现预热焦炭的着火延迟现象，从而在燃烧室入口区域的燃烧反应较弱，而随着燃烧反应的进行，燃烧沿程的释热量增加使得焦炭在下游区域着火和燃烧。

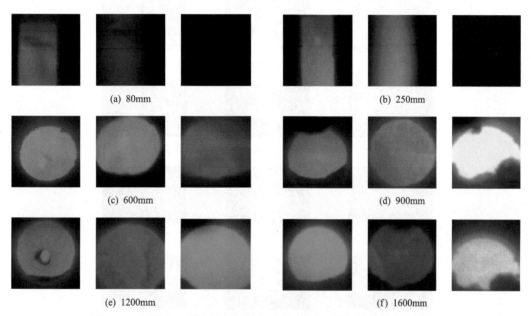

(a) 80mm   (b) 250mm

(c) 600mm   (d) 900mm

(e) 1200mm   (f) 1600mm

图 3-17 不同碳基预热燃料的燃烧沿程火焰图片(距燃烧室入口距离)
从左到右的图片依次为烟煤、半焦、气化细粉灰

3.3.2 预热条件的影响

不同粒径煤粉的预热燃料的燃烧沿程火焰图片见图 3-18。虽然预热过程中挥发分从颗粒内部释放或颗粒间碰撞能明显降低颗粒尺寸，但随着原煤粒径的增大，预热燃料中焦炭的尺寸也相对较大，此时颗粒比表面积较小，降低了氧气在焦炭颗粒表面的反应面积，使得焦炭的燃烧反应速率降低，燃烧室上游的焦炭着火和燃烧效果变差，表现为燃烧室入口区域较暗。随着燃烧沿程的释热量增加，中部的燃烧区域开始出现零星散布的亮点(固体小颗粒燃烧的轨迹)，燃烧反应速率增加，但燃尽时间相对变短，进而降低了燃烧效率。较大粒径分布的预热燃料燃烧时，整个燃烧区域的颜色变得暗淡。在整个燃烧区域，无明显的火焰锋面存在。

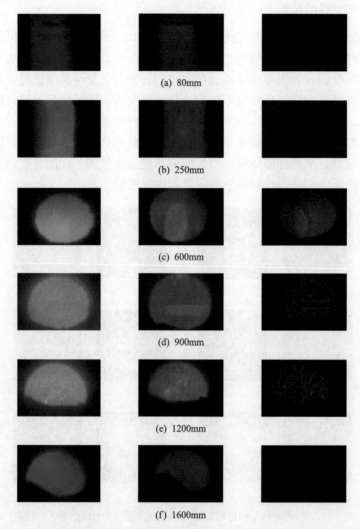

图 3-18　不同粒径煤粉的预热燃料的燃烧沿程火焰图片（距燃烧室入口距离）

从左到右的中位粒径分别为 35.34μm、100.17μm、198.54μm

典型工况下不同预热燃烧器当量比的燃烧沿程火焰图片见图 3-19。相同位置处燃烧温度越高的火焰图片亮度就越高，但不同位置的温度很难通过亮度来判断，会产生较大的人工误差。当燃烧室入口区域内温度低于 900℃时，火焰图片基本呈现为暗黑色。不同预热燃烧器当量比的预热燃料燃烧时，透过观火窗观察不到明显的火焰锋面，燃烧区域透明且可以清晰地观察到喷口、燃烧室壁面及热电偶等内部情况。在燃烧室上游区域，燃烧亮度的趋势均是先由暗变亮，后又开始转暗，可见主要燃烧过程发生在该区域以内。在下游区域，燃烧反应开始逐渐减弱，这与燃烧沿程下游的预热燃料的燃烧温度分布逐渐下降的趋势是相匹配的。

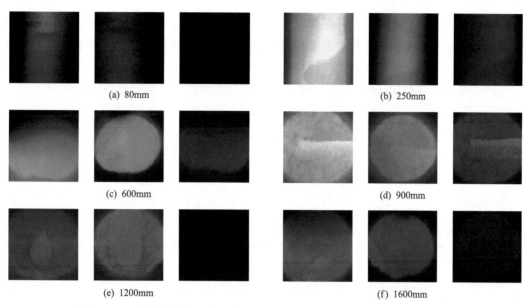

(a) 80mm

(b) 250mm

(c) 600mm

(d) 900mm

(e) 1200mm

(f) 1600mm

图 3-19 不同预热燃烧器当量比的燃烧沿程火焰图片(距燃烧室入口距离)

从左到右的预热燃烧器当量比分别为 0.27、0.35、0.43

用灰度值来定量表征图片亮度，能够更直接地对比燃烧强度。不同预热燃烧器当量比的预热燃料的火焰沿程亮度变化曲线见图 3-20。预热燃料的燃烧火焰亮度变化与燃烧温度分布并不一致，主要表现为燃烧室入口区域温度与火焰亮度不匹配。火焰图片的亮度高低基本反映了燃烧反应的强弱，而温度变化在一定程度上会受高温烟气流动的影响。

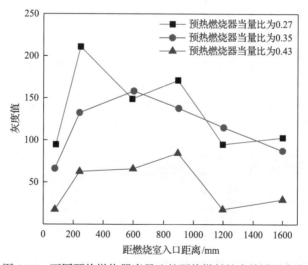

图 3-20 不同预热燃烧器当量比的预热燃料的火焰沿程亮度

预热燃料的燃烧火焰图片亮度随时间的波动性曲线见图 3-21。燃烧室入口区域内主要为气相煤气燃烧，其燃烧过程迅速且稳定，火焰图片亮度较稳定，没有太大波动。下游区域内为固相焦炭的燃烧,其燃烧反应速率较缓慢,燃烧空间较大,受燃尽风气流和温度等影响较大,则火焰图片的亮度相对波动较大。当预热燃烧器当量比增大时,煤粉在预热燃烧器内的反应份额增加,促进更多的固相组分转化为气相组分的煤气,高热值煤气产量增多,进而导致燃烧室入口处的煤气燃烧份额增大,燃烧稳定性增强。

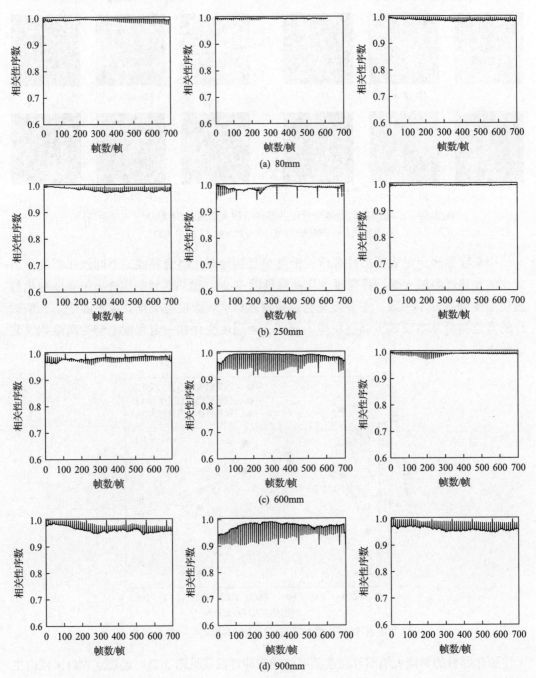

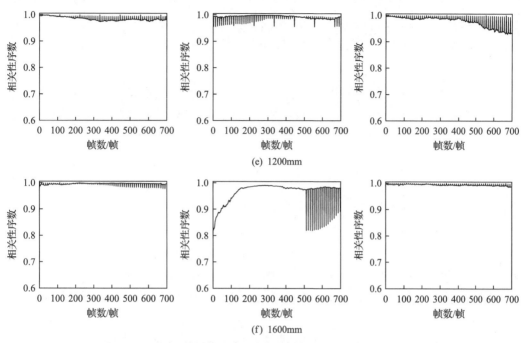

图 3-21　不同预热燃烧器当量比的预热燃料火焰沿程亮度波动性

从左到右的预热燃烧器当量比分别为 0.27、0.35 和 0.43

3.3.3　配风条件的影响

燃烧室入口的二次风流量会影响上游区域的燃烧火焰状态，进而影响下游燃烧特性，包括温度和燃尽特性等。典型工况下不同二次风当量比的燃烧沿程火焰图片见图 3-22。在保持预热燃烧器当量比及总过量空气系数不变的前提下，通过逐步增加二次风和降低燃尽风的方式来调控二次风当量比。不同二次风当量比下，燃烧区域无明显火焰锋面。当二次风当量比增加时，燃烧室入口处的二次风流率增加，冷空气量增加使得燃烧温度降低，从而降低燃烧反应速率，并且更大动量的二次风也会将燃烧反应逐渐"吹向"下游，导致燃烧室上游区域内火焰图片亮度在下降。当二次风当量比较低时，燃烧室整体亮度更加均匀。

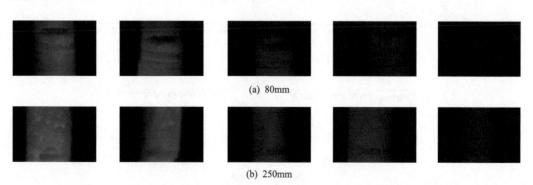

(a) 80mm

(b) 250mm

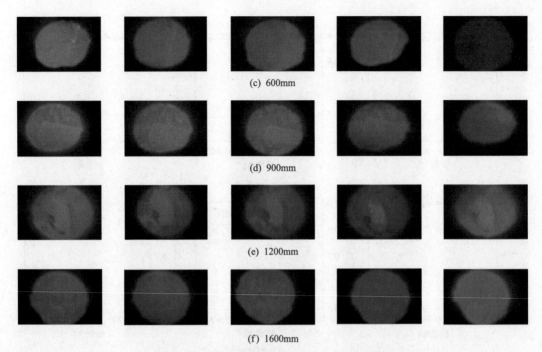

(c) 600mm

(d) 900mm

(e) 1200mm

(f) 1600mm

图 3-22　不同二次风当量比的燃烧沿程火焰图片(距燃烧室入口距离)

从左到右的二次风当量比分别为 0.13、0.25、0.37、0.45 和 0.57

不同二次风当量比的燃烧沿程火焰图片的亮度波动性曲线见图 3-23。二次风当量比较低时，预热燃料的燃烧在整个燃烧空间内较均匀。当二次风当量比增加时，较高动量的二次风与预热煤气反应，同时高温烟气返混程度增加，造成燃烧室入口区域内的火焰波动性增加，燃烧稳定性变弱。当继续增加二次风当量比时，预热燃料与二次风的汇聚点延长，混合燃烧时间延迟，主要燃烧反应被"吹向"下游，则燃烧室入口区域内火焰曲线波动的幅度在逐渐减小，下游区域内的火焰不稳定性增加。这与预热燃料的燃烧温度分布特性是一致的，二次风当量比越小，燃烧反应越均匀，反应越集中在上游区域，是有利于提高燃烧效率的；二次风当量比越大，燃烧反应越分散，过高的二次风当量比会降低燃烧稳定性，同时增加了燃烧反应滞后性，进而降低燃烧效率。

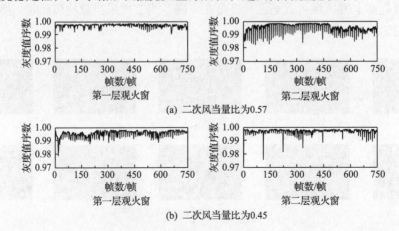

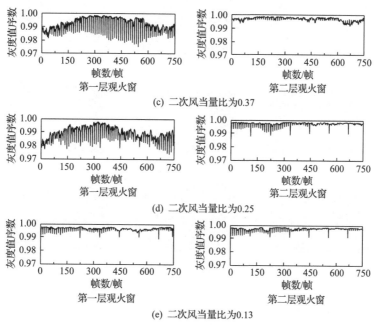

图 3-23　不同二次风当量比的燃烧沿程火焰图片的亮度波动性曲线

　　当燃尽风由一层布置变为两层布置时，燃烧沿程火焰图片见图 3-24。燃烧室内没有明显的火焰锋面，燃烧空间较为透明，可清晰地观察到燃料喷口和取样管等。通过降低二次风当量比和增加靠近燃烧入口的第一层燃尽风当量比，可以保证第二层燃尽风的上游区域空气总量不变。随着第一层燃尽风风量的增大，二次风风量减少，燃烧室入口区域的燃烧强度降低，整体燃烧区域的亮度略微降低，但变化并不明显。

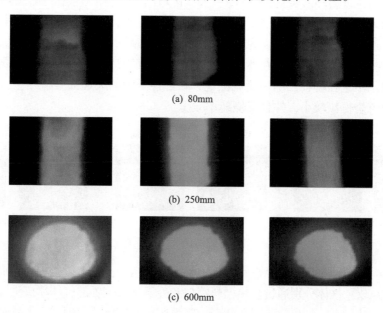

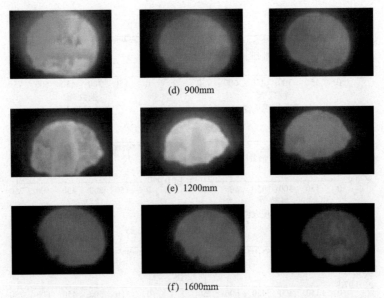

(d) 900mm

(e) 1200mm

(f) 1600mm

图 3-24　不同燃尽风布置方式的燃烧沿程火焰图片（距燃烧室入口距离）

从左到右的一层燃尽风、燃尽风当量比为 0.52、0.64 和 0.73

3.3.4　气氛的影响

由于 O_2 在 N_2 和 CO_2 气体中的扩散速率的差异，以及 N_2 和 CO_2 的气体物性差异较大，预热燃料在 O_2/N_2 和 O_2/CO_2 气氛中燃烧的特性明显不同，这在火焰状态上也会有所体现。富氧(O_2/CO_2)气氛下，改变二次风位置在中心或环形处来对比二次风喷口结构对于煤粉预热燃料的火焰形态的影响。不同二次风喷口结构的燃烧沿程火焰图片见图 3-25。当二次风喷射位置为环形位置时，燃烧室入口区域内有明显的火焰锋面，火焰颜色较亮，而下游区域无明显火焰锋面，处于燃尽区域。燃烧沿程火焰状态与燃烧温度分布相符。当二次风喷射位置从环形位置变为中心位置时，燃烧室入口区域内明显的火焰锋面消失，火焰颜色从亮色变为暗红色。在燃烧上游的火焰观察窗口中可清晰地看见取样管和内壁粗糙的壁面。不论在哪种二次风喷口位置，在燃烧下游的火焰都呈暗红色，说明了燃烧下游区域中燃烧份额较小，并且燃烧速率较低。

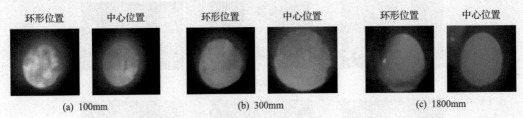

环形位置　中心位置　　环形位置　中心位置　　环形位置　中心位置

(a) 100mm　　　　　(b) 300mm　　　　　(c) 1800mm

图 3-25　不同二次风喷口结构的燃烧沿程火焰图片（距燃烧室入口距离）

图 3-26 为两种喷口下的燃烧室入口火焰形态。当二次风喷射位置为环形位置时，预热燃料和 O_2/CO_2 气体分别通过预热燃料喷口和处于环形位置的气体喷口进入燃烧室。此时预热燃料与 O_2/CO_2 氧化剂主要在两者中间的区域内接触并发生剧烈的燃烧反应，可以

观察到明显的火焰锋面。而当二次风喷射位置为中心位置时，预热燃料和 O_2/CO_2 气体分别通过预热燃料喷口和其内部喷口区域进入燃烧室。由于从外环的预热燃料区域向内部二次风管区域的传热，在燃烧器结构中 O_2/CO_2 被加热到较高温度，然后才进入到燃烧室中，入口速度可以增加到 40m/s 以上。然后 O_2/CO_2 气体首先与预热煤气混合接触，在燃烧室入口处产生一个低氧环境。这个过程为中心进入的 O_2/CO_2 气体冲撞从外环进入的预热焦炭，从而预热焦炭被冲散在整个燃烧区域。因此，焦炭燃烧反应分散在下行燃烧室的整个低氧环境中，此时，明显的火焰锋面消失。对比空气工况 (O_2/N_2)，O_2 在 CO_2 气氛中的传播速度较慢，在燃烧室入口的低氧环境形成之前，O_2 和焦炭反应不完全，这是有利于空间弥散燃烧产生的。换句话说，在 O_2/CO_2 气氛中更容易形成预热焦炭的空间弥散燃烧。

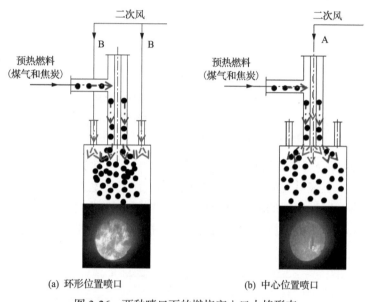

(a) 环形位置喷口　　　　　　　　　　(b) 中心位置喷口

图 3-26　两种喷口下的燃烧室入口火焰形态

3.4　燃烧过程的碳转化特性

结合燃烧温度分布和火焰形态，掌握燃烧沿程的固相组分与气相组分及其特性能够更全面地从机理方面掌握预热燃料的燃烧特性。本节将详细讲解预热燃料燃烧过程的碳转化特性，其中固相成分主要考虑碳元素，气相成分主要考虑一氧化碳和二氧化碳气体的变化趋势。关于氮元素的固相和气相的析出转化路径将在后续章节详述。

3.4.1　固相转化特性

燃烧沿程的固相焦炭颗粒的物化特性对燃烧反应特性的影响至关重要，其中焦炭颗粒的物化特性包括颗粒比表面积、粒径等。不同预热燃烧器当量比的预热燃料燃烧沿程的颗粒比表面积变化见图 3-27。预热燃料的燃烧过程中，颗粒比表面积逐渐降低，其中燃烧室上游区域内颗粒比表面积的下降最为明显，这与燃烧反应主要发生在燃烧室上游有关，且燃烧最高温度点在燃烧室上游，焦炭颗粒的燃烧最为剧烈，高温环境与剧烈的燃烧反应使得焦炭内孔扩张，外孔孔隙破裂和塌陷，造成比表面积大幅度降低，对燃烧下游的焦炭颗粒的燃烧和燃尽是不利因素。

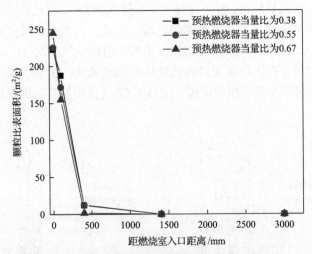

图 3-27　预热燃料燃烧沿程的颗粒比表面积变化

　　预热燃料燃烧沿程的颗粒粒径变化见图 3-28。由于残余挥发分从碳粒内部释放和固相可燃质的燃尽，燃烧沿程的颗粒粒径逐渐减小。在燃烧室上游区域内的燃烧反应最为剧烈且温度较高，颗粒内部的碳骨架变脆，颗粒粒径的下降最为显著。相对于预热过程中大量挥发分从碳粒内部释放和颗粒间的碰撞磨损等物理损耗，燃烧过程的颗粒破碎效果较弱。

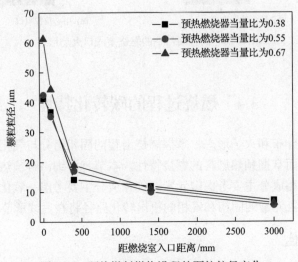

图 3-28　预热燃料燃烧沿程的颗粒粒径变化

由于颗粒的比表面积和粒径与燃烧反应强度密切相关，燃烧室上游区域内的颗粒比表面积的迅速降低说明燃烧反应剧烈。氮元素的释放与燃烧过程同步进行，因此在此区域内氮元素释放强烈。氮元素的详细迁移转化过程将在后续章节讲述，在此不做过多介绍。

不同碳基燃料产生的预热燃料中焦炭颗粒的碳含量随燃烧沿程的变化曲线见图 3-29。烟煤与半焦的预热燃料在燃烧室的碳含量变化曲线基本相近。由于气化细粉灰碳含量较低，其预热燃料的燃烧沿程碳含量在相同位置处均比其他两种燃料低。所有燃料的燃烧沿程碳含量变化趋势是一致的，都是先在预热燃料喷口附近急剧下降，然后开始缓慢上升，并在达到最高点后又开始降低。在燃烧室入口区域内，预热煤气迅速着火并释放出大量热量引燃焦炭中的可燃炭，从而造成预热燃料喷口附近的碳含量急剧下降。随后，其他可燃质和水分在高温环境下释放，而可燃炭的反应释放速率较慢，导致焦炭的碳含量升高。燃尽风喷入后，未燃炭开始燃尽过程，此时其他物质基本完成反应，故在燃烧室下游区域碳含量呈下降趋势。考虑到燃烧空气及其他组分的稀释作用，碳含量曲线并不能真实反映焦炭的燃烧状况。由于燃烧过程中焦炭的可燃炭只能被消耗，不能生成，故而可用碳转化率曲线来更加客观地分析燃烧室焦炭燃烧的本质。

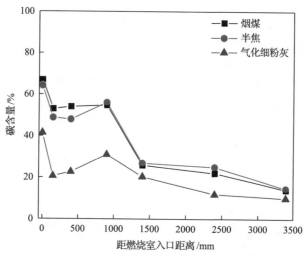

图 3-29　燃烧沿程焦炭颗粒的碳含量变化

燃烧沿程焦炭颗粒的碳转化率曲线见图 3-30。与碳含量曲线变化趋势相反，碳转化率先在预热燃料喷口附近急剧上升，然后下降后又开始缓慢上升。预热焦炭的颗粒尺寸比原始燃料的颗粒尺寸更小，小颗粒更容易跟随烟气流动。在预热燃料及二次风的高速射流携带下，预热燃料喷口附近出现逆压梯度，导致下游烟气回流，并携带焦炭颗粒回流，从而导致燃烧室入口区域内碳转化率先升高后下降。在燃尽风喷入后，碳转化率开始下降，意味着烟气回流主要存在于燃尽风前的还原区域。与烟煤及半焦相比，气化细粉灰焦炭的燃烧反应滞后，在燃烧室下游仍发生燃烧反应，使得碳转化率在燃烧室下游仍有升高趋势，而其他两种燃料的焦炭在燃烧下游的燃烧反应变弱，故其碳转化率几乎不变。

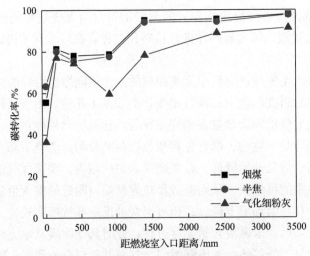

图 3-30 燃烧沿程焦炭颗粒的碳转化率曲线

3.4.2 气相生成特性

除了预热煤气在燃烧室入口区域反应生成气相产物，燃烧沿程的焦炭发生燃烧反应也不断生成气相产物，综合研究固相组分与气相组分的生成特性，可以得到对燃烧沿程特性更全面的认识。其中，燃烧沿程的气相组分主要包括含碳产物(CO 和 CO_2)、含氮产物(NO_x、HCN、NH_3 等)和含硫产物(SO_x 等)。本节主要讨论含碳气相产物的生成特性，能够直观表征沿程燃烧状态。

预热燃料的燃烧沿程 CO 浓度变化曲线见图 3-31。在燃烧室上游区域为预热煤气 CO 的主要燃烧区域，且在燃烧室入口区域氧量不足产生还原性气氛，固相焦炭也发生气化反应生成 CO，随着沿程氧量的喷入，在下游区域中 CO 浓度极低。与预热焦炭不同，预热煤气燃烧着火迅速，燃烧区域较窄，而焦炭则扩散至较大的空间并进行缓慢燃烧。

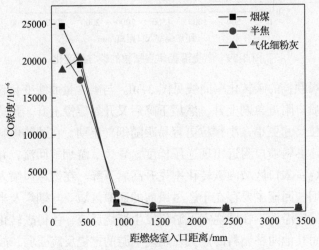

图 3-31 预热燃料的燃烧沿程 CO 浓度变化

同时在燃烧下游有充足的氧量参与燃烧反应，即使焦炭产生 CO，CO 也会迅速与 O_2 反应生成 CO_2。对比烟煤及半焦，气化细粉灰的 CO 浓度在预热燃料喷口处首先微微上升，然后才开始快速下降。这是由于气化细粉灰煤气中的可燃成分不足，在预热燃料喷口出口处焦炭的气化反应处于主导位置，CO 浓度略微升高。

不同粒径煤粉预热燃料的燃烧沿程 CO 浓度变化见图 3-32。不同粒径的预热燃料燃烧沿程 CO 浓度变化趋势是一致的，较高浓度的 CO 在燃烧室上游区域迅速消耗至较低水平。在燃尽风喷入前，预热煤气中 CO 几乎完全消耗；燃尽风喷入后，下游区域则主要为未燃炭的燃尽区域，氧化性气氛中可燃炭更多地以 CO_2 的形式存在。

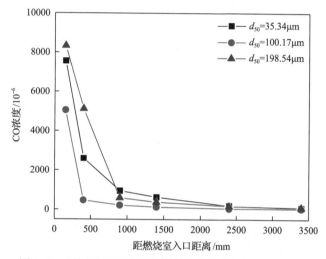

图 3-32　不同粒径煤粉预热燃料的燃烧沿程 CO 浓度变化

不同预热燃烧器当量比时，燃烧沿程 CO_2 浓度变化曲线见图 3-33。CO_2 浓度变化趋势基本一致，都是先降至最低，而后开始上升。预热燃料喷口出口附近的 CO_2 浓度明显

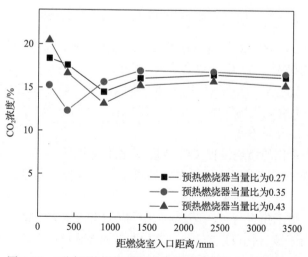

图 3-33　不同预热燃烧器当量比的燃烧沿程 CO_2 浓度变化

高于预热煤气中 CO_2 浓度，基本都是燃烧沿程 CO_2 浓度最高的点(高于燃烧室出口烟气中的 CO_2 浓度值)。该处 CO_2 浓度较高应是预热煤气中 CO 的氧化燃烧以及烟气回流将下游的 CO_2 卷吸到上游造成的，之后 CO_2 浓度的降低应与燃烧沿程空气等氧化剂喷入对烟气进行稀释有关。随后，焦炭的燃烧和燃尽过程中产生的 CO_2 逐渐增多，表现为 CO_2 浓度在后续上升。燃尽区域内 CO_2 浓度基本不变，表征燃烧反应速率很慢，燃尽过程基本完成。可见，当其他条件不变时，预热燃烧器当量比的变化并不能明显改变实际燃烧区域的大小。

不同预热燃烧器当量比的燃烧沿程 CO 浓度变化曲线见图 3-34。在燃烧室入口区域内，CO 浓度由较高浓度明显下降。在燃烧室入口区域内预热煤气中的 CO 与二次风相遇，由于其具有较高的温度和浓度，CO 与 O_2 迅速反应而生成 CO_2。在下游燃烧区域，煤气中的 CO 被消耗殆尽，焦炭表面 CO 的生成速率略低于烟气中 CO 的消耗速率，CO 浓度缓慢下降。

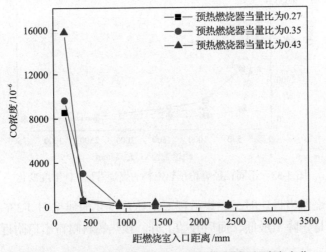

图 3-34　不同预热燃烧器当量比的燃烧沿程 CO 浓度变化

不同二次风当量比的燃烧沿程 CO_2 浓度变化曲线见图 3-35。燃烧室入口区域内 CO_2 浓度较高，是由预热煤气中 CO 快速燃烧及下游烟气回流所致。二次风当量比越大，燃烧室入口的射流动量越大，其引射作用越强，卷吸的下游烟气量越多，故入口处 CO_2 浓度就越高。随后在沿程氧化剂气体的稀释下 CO_2 浓度开始下降，在燃烧下游区域，可燃炭燃尽后的 CO_2 浓度几乎不变。

不同二次风当量比的燃烧沿程 CO 浓度变化曲线见图 3-36。当二次风当量比增大时，高速射流卷吸的下游高温烟气增多，助燃空气被稀释的程度也增大，阻碍了高温煤气 CO 和高温焦炭与氧气的接触反应，燃烧反应变弱。同时，燃烧室入口区域内 CO_2 浓度增加，高温环境下焦炭与 CO_2 发生气化反应的份额增大，使得 CO 在燃烧室入口处浓度就升高。由于该气化反应吸热，故其也是导致燃烧室入口温度存在差别的一个重要原因。

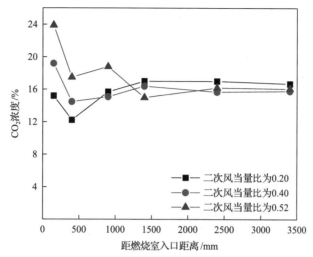

图 3-35　不同二次风当量比的燃烧沿程 CO_2 浓度变化

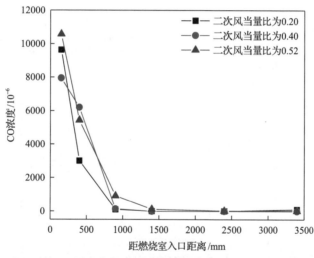

图 3-36　不同二次风当量比的燃烧沿程 CO 浓度变化曲线

　　不同二次风射流速度的燃烧沿程 CO 浓度变化曲线见图 3-37。CO 浓度变化主要发生在预热燃料喷口附近，燃尽风喷入后 CO 基本消耗殆尽。CO 浓度变化主要有两种趋势：①在预热燃料喷口出口附近 CO 浓度先升高至峰值点，然后迅速降低至较低水平；②在预热燃料喷口出口附近 CO 浓度持续下降。由于高速射流卷吸下游高温烟气，预热燃料喷口附近 CO_2 浓度较高，同时 O_2 被稀释。在该区域煤气的燃烧反应和焦炭与 CO_2 的气化反应相互竞争，最终导致 CO 浓度出现两种不同的变化趋势。CO 浓度并未与二次风射流速度呈明显的线性变化。

　　燃尽风喷入前的燃烧区域为还原性气氛，故可以通过改变燃尽风位置来调整燃烧室还原区停留时间。不同还原区停留时间的燃烧沿程 O_2 浓度分布见图 3-38。随着燃尽风入口的后移，还原区 O_2 的浓度不断降低。燃尽风在靠近燃烧室入口区域喷入时，O_2 的浓度在燃烧室的分布基本相同，燃尽风喷入前的区域内 O_2 浓度较低；当燃尽风在较远区域

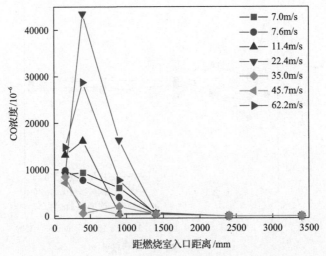

图 3-37　不同二次风射流速度的燃烧沿程 CO 浓度变化曲线

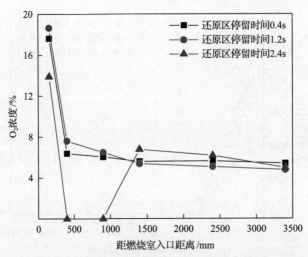

图 3-38　不同还原区停留时间的燃烧沿程 O_2 浓度分布

喷入时，燃烧室入口区域的氧含量直接降为 0，此时燃尽风前的燃烧区域为强还原性气氛。可见，在还原区空气当量比不变的情况下，后移燃尽风入口可有效增加还原区长度，对氮氧化物的减排有重要作用。但是，燃尽风的后移代表着燃尽时间缩短，可能会出现燃烧效率的下降。因此，燃烧沿程应有最佳燃尽风喷入位置，可以既创造出较高的氮氧化物还原率，又能保证充足的燃尽时间，最终实现煤粉的高效低氮燃烧。

　　不同总过量空气系数的燃烧沿程 O_2 浓度分布见图 3-39，其中总过量空气系数的增加是通过增加燃尽风量实现的。在还原区空气当量比不变时，改变总过量空气系数，燃烧沿程的 O_2 浓度分布基本相同，都是由初始较高的浓度减小到零，在燃尽风通入后有所增加，随后 O_2 浓度沿程逐渐减小，最后达到稳定。在燃烧室入口区域，喷入的二次风中的 O_2 被预热燃料迅速消耗，主要是气相煤气的化学反应，造成 O_2 浓度降低至 0。随着燃尽风氧量喷入，反应气氛转变为氧化性气氛，有充足的氧气可供预热焦炭燃烧和燃尽，

因此 O_2 浓度有所回升。在燃烧室下游区域的可燃炭完成燃尽过程也在不断消耗 O_2，所以在燃烧下游仍有 O_2 的下降趋势。

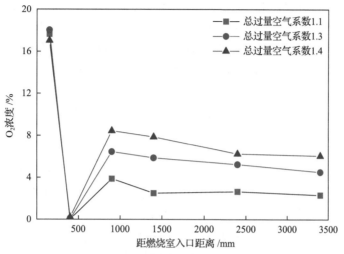

图 3-39 不同总过量空气系数的燃烧沿程 O_2 浓度分布

3.5 燃 尽 特 性

预热燃料的燃尽特性决定了煤粉燃烧效率，而燃烧效率是煤粉燃烧性能的关键评价指标。预热燃料的燃烧效率等同于输入预热燃烧系统内的煤粉的燃烧效率。煤粉的燃烧效率可以定义为[11]

燃烧效率=(进入系统的能量 − 机械(固体)未完全燃烧热损失 −
化学(气体)未完全燃烧热损失)/进入系统的能量

燃烧效率 η 的计算公式如下[12]：

$$\eta = 100 - (q_3 + q_4) \tag{3-14}$$

$$q_3 = 236(C_{ar} + 0.375 S_{ar}) \frac{A_{CO}}{A_{RO_2} + A_{CO}} \cdot \frac{100 - q_4}{Q_{L,ar}} \tag{3-15}$$

$$q_4 = \frac{32700 A_{ar}}{Q_{L,ar}} \left(\alpha_{fh} \frac{C_{fh}}{100 - C_{fh}} + \alpha_{hz} \frac{C_{hz}}{100 - C_{hz}} \right) \tag{3-16}$$

式中，q_3 为化学(气体)未完全燃烧热损失，%；q_4 为机械(固体)未完全燃烧热损失，%；α_{fh} 为飞灰系数；α_{hz} 为灰渣系数；C_{fh} 为飞灰可燃物含量，%；C_{hz} 为灰渣可燃物含量，%；$Q_{L,ar}$ 为煤的收到基低位热值，kJ/kg；C_{ar} 为收到基碳含量，%；S_{ar} 为收到基硫含量，%；A_{ar} 为收到基灰含量，%；A_{RO_2} 为 C 和 S 燃烧后生成的三原子气体含量，%；A_{CO} 为

C 燃烧生成的 CO 气体含量，%。

预热燃烧系统内，预热燃烧器运行过程中底部不排渣，则 α_{hz} 为 0，α_{fh} 为 1。

燃尽特性包括气相产物和固相产物的燃尽特性，表现为尾部烟气 CO 浓度和飞灰含碳量等。本节将详细讲解预热燃料的燃尽特性。燃尽特性取决于上述讨论中的燃烧温度分布和燃烧过程中的气固相转化特性。本节重点关注煤种、预热条件、配风方式和气氛等主要影响因素对燃尽特性的影响规律，为实现高效的预热燃烧提供参考。

3.5.1 不同碳基燃料的影响

本节在典型工况下对不同碳基燃料在预热燃烧系统的尾部飞灰取样并进行可燃物测定，计算其燃烧效率，结果如下：无烟煤的燃烧效率为 94.1%，半焦的燃烧效率为 96.0%，烟煤的燃烧效率为 99.0%。燃烧效率的对比结果与燃料挥发分含量密切相关，烟煤的挥发分最高，根据前述预热特性和燃烧温度分布的讨论，其预热改性效果最佳，且燃烧室入口即达到较高的燃烧温度，有充足的燃尽时间，从而燃烧效率最高。对于低挥发分的半焦和无烟煤，其在预热过程中由固相转变为气固相混合的高温燃料，提高了燃料的着火稳定性和可燃性，虽然相较烟煤的燃烧效率较低，但已高于常规冷煤粉的燃烧方式。我国许多燃烧贫煤和无烟煤的锅炉在燃烧低挥发份无烟煤时，燃烧效率一般低于 90%[13,14]。

可见无烟煤经过预热后再燃烧，其燃烧效率有很大提升。若增加燃烧空间和延长预热燃料在燃烧室内的停留时间，燃烧效率将会进一步提高。

无论是易燃的烟煤还是难燃的无烟煤和半焦，都能在燃烧室进行稳定的燃烧，并且获得较高的燃烧效率，验证了煤粉预热燃烧技术能够有效拓宽煤粉锅炉对不同碳基燃料的适应性，对锅炉稳定、高效运行有重要的意义。

3.5.2 预热条件的影响

当预热温度为 800℃、850℃、900℃和 950℃时，无烟煤的燃烧效率分别为 89.8%、91.7%、94.1%和 92.1%。随着预热温度的增加，燃烧效率先增加后减小，在预热温度为 900℃时燃烧效率最高。随着预热温度的升高，预热燃料的粒径先降低后升高，比表面积和比孔容积先升高后降低，在预热温度为 900℃时预热燃料的平均粒径最小，孔隙结构最发达。较细的燃料粒径和发达的孔隙结构对焦炭的燃尽有促进作用，所以预热温度为 900℃时煤粉的燃烧效率最高。

煤粉颗粒切割粒径（d_{50}）为 61μm、70μm 和 82μm 的无烟煤的燃烧效率分别为 96.8%、95.4%和 94.7%，燃烧效率随切割粒径的增加略有降低。当煤粉颗粒切割粒径进一步增大时，预热燃料的焦炭颗粒尺寸也增大，颗粒比表面积降低，焦炭颗粒与氧气反应的接触面积变小，导致燃烧效率降低，进而煤粉预热燃烧效率下降明显。因此，当燃料切割粒径过大时，容易造成燃烧恶化，燃烧效率明显下降。

在预热燃烧器当量比为 0.2、0.25 和 0.3 时，燃烧效率分别为 93.6%、94.1%和 95.7%，燃烧效率随预热燃烧器当量比的增加略有增加，这与预热燃料的孔隙结构有关。随着预热燃烧器当量比的增加，预热有效煤气组分的浓度在增加，燃烧室入口区域内煤气燃烧提供的热量也较多，使得焦炭着火延迟时间降低，增加了焦炭的燃尽时间。同时，预热焦炭的比表面积和比孔容积都增加，焦炭的燃烧特性得到改善，从而使燃烧效率增加。

3.5.3　配风方式的影响

典型工况下二次风当量比为 0.2、0.4 及 0.52 时，烟煤的燃烧效率分别为 98.95%、98.75% 及 98.13%。煤粉燃烧效率随着二次风当量比的增加而降低，但差别并不明显，且均高于 98%。燃烧室入口的预热燃料物化特性保持一致，随着二次风当量比的增加，更多的冷二次风会降低燃烧温度。当二次风继续增加时，较高动量的二次风也会将燃烧火焰"吹向"下游，即增加了预热焦炭的着火延迟时间，从而造成燃烧效率的下降。

当后移燃尽风喷口的位置时，还原区的停留时间也会增加。当还原区停留时间为 0.4s、1.2s 和 2.4s 时，无烟煤的燃烧效率分别为 97.5%、95.0% 和 93.5%。还原区停留时间增加，会导致煤粉燃烧效率降低。因为燃尽风喷入前的氧气量是一样的，即使还原区内氧气全部被反应消耗到，但仍有未燃炭存在。燃尽风喷入后，未燃炭才能完成燃尽过程。故燃尽风喷入后的过程是决定煤粉预热燃烧效率的关键。当燃尽风后移时，燃尽时间缩短，焦炭颗粒的完全燃烧时间较短，燃烧效率会下降。需要注意到，燃尽风的后移会增加还原区的长度，是有利于降氮的，详细机理将在后续章节讲述。

3.5.4　气氛的影响

在 O_2/CO_2 气氛中，氧气浓度为 27%～30% 时的煤粉燃尽特性与空气（O_2/N_2）气氛的燃烧效果相近。这与常规冷煤粉在 O_2/CO_2 和空气（O_2/N_2）中的燃尽特性一致。

富氧（O_2/N_2）空气和富氧（O_2/CO_2）工况下，随着 O_2 浓度的增加，预热燃烧器和燃烧室内化学反应速率得到大幅度提升，反应温度升高，燃烧化学反应更剧烈。同时，O_2 浓度的提高降低了气相氧化剂进入燃烧系统的流量，排烟热损失降低，且烟气携带燃料颗粒的停留时间也增加，最终造成燃烧效率的增加。

参 考 文 献

[1] Visona S P, Stanmore B R. Modeling nitric oxide formation in a drop tube furnace burning pulverized coal[J]. Combustion and Flame, 1999, 118(1-2): 61-75.

[2] Li S, Xu T, Hui S, et al. Optimization of air staging in a 1MW tangentially fired pulverized coal furnace[J]. Fuel Processing Technology, 2009, 90(1): 99-106.

[3] Mingle J O, Smith J M. Pore size distribution functions for porous catalysts[J]. Chemical Engineering Science, 1961, 16(1-2): 31-38.

[4] Morgan M E, Jenkins R J. A method to characterize the volatile release of solid recovered fuels(SRF)[J]. Fuel, 1986, 65(6): 757-763.

[5] Turns S R. An Introduction to Combustion Concepts and Applications[M]. Boston: WCB/McGraw-Hill, 2000.

[6] Mon E, Amundson N R. Diffusion and reaction in a stagnant boundary layer about a carbon particle. 2. An extension[J]. Industrial and Engineering Chemistry Research Fundamentals, 1978, 17(4): 313-321.

[7] 韩才元, 徐明厚, 周怀春. 煤粉燃烧[M]. 北京: 科学出版社, 2001.

[8] 陈学俊, 陈听宽. 锅炉原理[M]. 北京: 机械工业出版社, 1991.

[9] Kumar S, Paul P J, Mukunda H S. Studies on a new high-intensity low-emission burner[J]. Proceedings of the Combustion

Institute, 29 (1)：1131-1137.

[10] 沈诗林, 于春雨, 袁非牛, 等. 一种基于视频图像相关性的火灾火焰识别方法[J]. 安全与环境学报, 2007, 7 (6)：98-101.

[11] Lu Q G, Zhu J G, Niu T Y, et al. Pulverized coal combustion and NO$_x$ emissions in high temperature air from circulating fluidized bed[J]. Fuel Process Technology, 2008, 89 (11)：1186-1192.

[12] 范从振. 锅炉原理[M]. 北京：中国电力出版社, 2000.

[13] Zhang H, Yue G X, Lu J F. Development of high temperature air combustion technology in pulverized fossil fuel fired boilers[J]. Proceedings of the Combustion Institute, 2007, 31 (2)：2779-2785.

[14] 许传凯, 许云松. 我国低挥发分煤燃烧技术的发展[J]. 热力发电, 2001, 10 (5)：2-6.

第 4 章
煤氮析出转化特性及超低 NO_x 排放控制

4.1 煤氮赋存形态

煤氮赋存形态是指氮元素在原煤中以及热解、气化和燃烧过程中某个阶段所处的物理化学状态及其与共生元素的结合特征，包括氮元素所处的物态、形成化合物的种类和形式、价态、键态、配位位置等多方面的物理化学特征。显然，元素赋存形态是化学反应的结果，与作用条件有关。本章所关注的煤氮赋存形态有两重含义：一是指物相。氮元素要么以气相形式存在，要么以固相形式存在。以气相存在时，多为无机小分子。以固相存在时，都为有机分子结构。二是指含氮化合物的种类。要么以有机质形式存在，要么以无机质形式存在。当以有机质形式存在时，主要指官能团的归属。

一般来说，煤中的氮含量较少，为 0.5%～3.0%，且随煤阶的升高而升高。碳含量达到 85%时，氮含量达到最大值，然后随碳含量的增加趋于下降[1]。因此，煤中的含氮官能团和其他官能团的交互作用对于煤燃烧中氮官能团的转变可能有重要影响。尽管氮含量随着煤阶仅有微弱变化，但在煤的显微组分之间氮含量有以下顺序[2,3]：镜质组＞壳质组＞半丝质组＞丝质组。各显微组分中的氮的质量分数（daf）一般为：镜质组 1.5%～2.0%，壳质组 1.0%～1.4%，半丝质组 0.7%～1.4%，丝质组 0.4%～0.8%。

煤转化过程中，煤中的氮可生成胺类、含氮杂环、含氮多环化合物和氰化物等，煤燃烧和气化时，氮转化成污染环境的 NO_x。煤液化时，需要消耗部分氢才能使产品中的氮含量降到最低限度。煤炼焦时，一部分氮变成 N_2、NH_3、HCN 和其他些有机氮化物逸出，其余的氮进入煤焦油或残留在焦炭中。炼焦化学产品中氨的产率与煤中氮含量及其存在形态有关。煤焦油中的含氮化合物有吡啶类和喹啉类，而在焦炭中的含氮化合物则以某些结构复杂的含氮化合物形态存在。

一般来说，煤中氮起源于煤形成时期的植物和细菌中含有的蛋白质、氨基酸生物碱、叶绿素、卟啉等。煤中的氮是在泥炭化阶段固定下来的，因此几乎都以有机氮形式存在，氮的有机官能团结构便决定了燃料氮在煤的热解、气化、燃烧过程中氮元素热变迁的路径。但曾经也有研究者在无烟煤中检测到了无机氮[4-6]，这种情况很少见，可能与煤化作用的后期过程有关。无机氮主要与煤灰分中的伊利石有关。Daniels 和 Altaner 发现[6]，这种无机氮可占到其总氮含量的 20%，与无烟煤相比，NH_4-illite（铵-伊利石）更多地存在于高碳化度的煤中，其含量随着碳化度的增加而增加。NH_4-illite 被推测是在煤发生炭化作用的过程中，在约 200℃的温度下，由高岭石发生反应生成的。

煤和预热焦炭属于不透明的固体，给鉴定其中微量元素的有机形态带来了不少的困难，造成了许多采用光线透射进行鉴定的方法并不适用于直接检测。早期对煤中氮官能团赋存形态的研究大多采用热解、蒸馏或抽提等方式，将煤的大分子结构破裂成小分子，再对可溶碎片进行化学分析。这些方法虽然也能提供一些有用的信息，但在分析测试前原煤的结构已经被破坏，许多二次反应的发生将会使其有效性受到很大限制[7,8]。Thomas 等[9]采用燃烧的办法反推煤中氮的存在形态，他们发现在负载氮的碳程序升温燃烧中 NO 的释放是双峰，而 CO 和 CO_2 的释放是对称的单峰，由此推断该模型碳中的氮有两种形态。

近年来，将无破坏性光谱分析法，如核磁共振(nuclear magnetic resonance, NMR)、傅里叶变换红外光谱(Fourier transform infrared spectrometer, FTIS)、X 射线光电子能谱(X-ray photoelectron spectroscopy, XPS)和 X 射线吸收近边结构谱(X-ray absorption near edge structure, XANES)等应用于煤和煤衍生物中氮官能团的确定，取得了较多的成果[10-25]。XPS 和 XANES 广泛应用于煤中氮官能团与煤阶的关系的研究[10]。受煤分子结构中其他原子的影响，当氮原子在煤分子中所处的位置不同时，它的电子结合能不同。当与芳香环上氮周围的 C 相连的原子改变时，N 的结合能也会发生变化，这就是所谓的化学位移效应[26,27]。已有较多研究[1,28]利用 XPS 技术，得到相应的 N 的存在形态，发现煤中的氮主要存在于芳香型的吡咯、吡啶和季氮(又称质子化氮)及其衍生结构中，与碳原子形成共价键，典型结构式如图 4-1 所示。Mullins 等[29]采用 XANES 技术，获取了更为详细的数据，并验证了 XPS 测试得到的结论。同时，他们也报道发现了少量芳香胺结构，但通常可以忽略不计[30]。

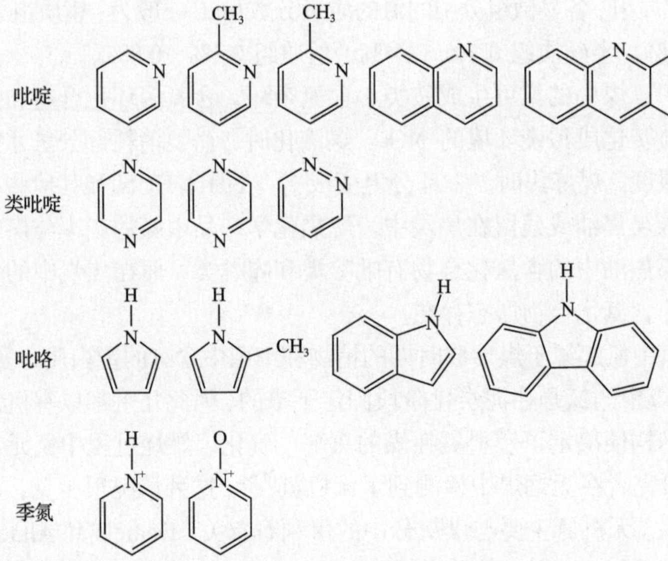

图 4-1　几种含氮环状化合物的分子结构[31]

随着 XPS 技术的不断发展以及 XPS 谱线拟合软件的进步，近年来该项技术用于官能团分析的确定性已经得到了很好的改善。它以直接的和非结构破坏性的特点在确定煤中氮的不同结构形态方面得到较好的应用，逐渐成为研究煤中含氮官能团的最有效分析方法之一。但 XPS 技术是表面敏感的，而且对于特定的含氮官能团的宽波段的重叠使得氮的不同官能团的形式很难区分。Pels 等[8]根据 XPS 峰对煤中氮的存在形式进行了分类，Zhu 等[32]采用 XANES 提供的数据得到的结果比相应的 XPS 结果更为详细，证实了 XPS 的全部结论。总结和分析前人的研究成果，煤中氮的存在形式以及 XPS 检测到的煤中 N 的 N1s 结合能大致分为以下几类：N-5（吡咯和吡咯酮型氮，结合能为 400.5eV±0.3eV）、N-6（吡啶型氮，结合能为 398.7eV±0.4eV）、N-Q（质子化吡啶，结合能为 401.5eV±0.3eV）和可能存在的 N-X（氧化吡啶，结合能为 403.5eV±0.5eV）。

　　N-6 表示吡啶型氮，是指位于煤分子芳香结构单元边缘上的氮。N-5 表示吡咯型氮，主要指位于煤分子单元结构边缘上的五元环中的氮，还包括含有氧官能团的吡啶，如吡啶酮及其互变异构形式。之所以把吡啶酮及其互变异构形式归入 N-5，是因为这些结构中的氮原子的结合能与吡咯中氮原子的结合能相近，利用 XPS 无法将它们区分开。吡啶酮中的氮原子位于酚 C—OH 的 α 位置，氮原子中的两个 p 电子就进入芳香环的 π 系统之中，而在吡啶中，只有一个氮的电子离开原位[33]。因此，吡啶酮型氮的结合能与吡啶氮不同，但与吡咯相近。煤及焦炭中吡啶酮形成的原因是煤在热解过程中或空气中被加热，煤及焦炭长期在空气中保存也能形成吡啶酮[34]。需要指出的是，虽然利用 XPS 无法区分吡咯与吡啶酮，但利用 XANES 技术可以对它们进行区分。N-Q 表示并入煤分子多重芳香结构(graphene layers)单元内部的吡啶氮。这类氮在多环芳香结构内部中取代了碳的位置(center-notrogen)，并与 3 个相邻芳香环相连，它的有效电荷远高于位于芳香环边缘上的吡啶型氮，且略带正电荷，与铵离子中的 4 价氮相似，在此称为质子化吡啶[14,35]；对于 N-Q 的有机结构许多学者提出了不同的见解，Pels 等[8]提出了质子化吡啶以及吡啶氧化的结构，而 Kelemen 等[36]则提出了来自羧酸或者苯酚的羧基与吡啶相连的结构。另外，由两个芳香环共用的氮(vally-nitrogen)也归入 N-Q 之中。由于 N-Q 中的氮联有四个键，因此，这个氮是"季氮(quaternary nitrogen)"的一种。N-X 表示氮的氧化物(N-oxide)，是指吡啶中的氮原子与氧原子直接相连的结构，同时还表示硝酸盐成分。除了 N-Q 外，所有的氮原子均位于煤分子结构单元中芳香结构的边缘。

　　研究表明[37]，原煤中氮元素赋存形态比较有代表性的分布为：50%～80%的吡咯型含氮官能团，20%～40%的吡啶型含氮官能团，0%～20%的季氮型含氮官能团，如图 4-2 所示。随着近年来 XANES 技术的发展，吡啶酮被认为存在于一些低阶煤中。胺类物质在低阶煤中存在，含量一般不超过 10%。各种含氮官能团的比例随着煤种的不同而有很大的差异，有研究认为，吡咯型氮、吡啶型氮随煤阶的增长而增加，达到一个极大值后随煤阶的增长出现降低的趋势，季氮随煤阶的增长而减少，高阶煤中季氮的含量相当少。但是，也有很多学者针对南、北半球不同的煤种进行了研究，认为煤中氮的官能团的分布与煤阶的关系不大。他们发现尽管从个别的研究可以得到含氮官能团与煤阶的一种微弱关系，但是把所有的数据统计到一起，这种趋势会消失。

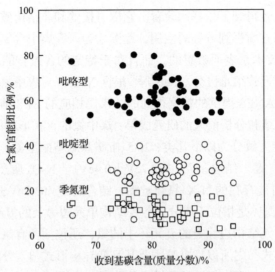

图 4-2　含氮官能团比例随煤阶的变化[38]

　　煤受热过程中，各不同形态的氮的官能团依据化学环境的不同，而进行不同路径、不同结果的相互转化。煤氮在焦炭与挥发分之间的分配比例以及含氮官能团所占份额主要取决于温度和化学反应气氛，煤种不同，含氮官能团的转化路线不同，也是氮所处的反应环境不同所致。总之，煤氮赋存形态转化可描述为：煤中氮(固相)受热后，一部分转变为气相氮，成为小分子气体的组成部分；另一部分保留在焦中(仍为固相)，但发生官能团的相互转化；不同气体之间发生化学反应，生成氮氧化物，或者已生成的氮氧化物被同相还原成氮气；已生成的氮氧化物与固相发生异相化学反应，导致已生成的氮氧化物被还原成氮气。

4.2　预热过程煤氮析出转化特性

4.2.1　煤氮析出转化路径

　　为了探索预热过程中煤氮析出转化特性，本节开展煤氮析出转化路径研究，以神木烟煤为燃料，通过对预热燃烧器提升管沿程以及旋风分离器出口的含氮气体进行测量，得到煤粉预热过程中燃料氮的迁移及转化路径。

　　预热过程含氮气体浓度变化如图 4-3 所示。结果表明，虽然预热燃烧器出口高温煤气中没有检测到 NO 和 NO_2，但在提升管中部位置处却可以检测到 NO 和 NO_2 的存在，这是由于提升管中部位置燃料浓度趋于均匀，与 O_2 接触面积相对较小，还原反应速率变慢，此外 O_2 浓度在中部最大，增加了 N 与 O 结合的概率。因此可以判断，NO_x 先在提升管中部由燃料氮直接转化而来，后在强还原性气氛中被 CO 和焦炭还原，在旋风分离器出口处已完全被消耗，表明预热燃烧器内部气氛对 NO_x 的生成有很好的抑制作用。伴随着预热过程中挥发分的析出，挥发分氮以 NH_3 和 HCN(NO_x 的前驱体)的形式在提升管

300mm 以上逐渐产生。NH₃ 浓度始终高于 HCN 浓度，这是由于 HCN 生成的主要途径为挥发分氮和相对不稳定的焦炭氮的热裂解，相比之下 NH₃ 的主要来源是 H 自由基对焦炭氮的直接加氢[39]，由于神木烟煤中 H 元素的含量明显较高，因此 NH₃ 的产率较高[40]，且预热过程中的温度窗口（850～900℃）有利于燃料氮向 NH₃ 转化。此外，根据 HCN 的水解反应（HCN+H₂O ⟶ NH₃+CO），在加快 HCN 消耗的同时也会进一步促进 NH₃ 的形成。

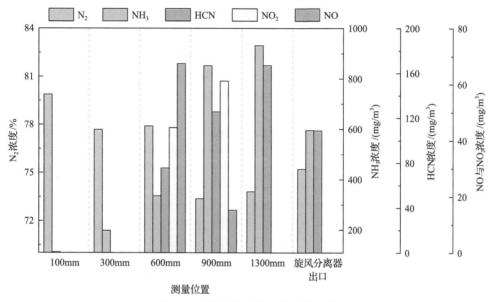

图 4-3　预热过程含氮气体浓度变化

由于神木烟煤的氮含量与一次风中的 N₂ 量相比可忽略不计，可认为一次风中的 N₂ 量与预热产生的高温气体中的 N₂ 量相等，因此可利用 N₂ 平衡对预热过程中煤中氮元素的平衡进行计算，计算方法为

$$V_g = 0.79 V_a / Y_{N_2} \tag{4-1}$$

$$m_{NH_3} = Y_{NH_3} V_g \times \frac{14}{17} \times 10^{-3} \tag{4-2}$$

$$m_{HCN} = Y_{HCN} V_g \times \frac{14}{27} \times 10^{-3} \tag{4-3}$$

$$mf_N = m_{NH_3} + m_{HCN} + m_{N_2} \tag{4-4}$$

$$\eta_i = \frac{m_i}{mf_N}, \quad i = NH_3, HCN, N_2, \cdots \tag{4-5}$$

式中，V_g 为预热产生的高温气体的体积流量，m³/h；V_a 为一次风量，m³/h；Y_{N_2} 为高温气体中 N₂ 的体积分数，%；Y_{NH_3} 和 Y_{HCN} 分别为高温气体中 NH₃ 和 HCN 的质量浓度，mg/m³；m_{NH_3}、m_{HCN} 和 m_{N_2} 分别为预热生成的 NH₃、HCN 和 N₂ 中所含 N 元素的质量流量，g/h；m 为煤中燃料氮的总质量流量，g/h；f_N 为预热过程 N 元素的总转化率；η_i 为预热

过程燃料氮向 i 成分的转化率。

根据氮平衡计算结果，预热过程煤氮析出转化路径如图 4-4 所示。对于神木烟煤，预热过程中约有 62.84% 的燃料氮向挥发分氮转化，37.16% 的燃料氮将继续残留在焦炭中，成为后续燃烧中 NO_x 的主要来源。预热过程中燃料氮向 N_2-N 的转化率最高，为 49.84%，在析出燃料氮中的占比为 79.32%；其次为向 NH_3-N 的转化率，为 10.98%，在析出燃料氮中的占比为 17.47%；而仅有 2.02% 的燃料氮向 HCN-N 转化，在析出燃料氮中仅占 3.21%。由此说明，燃料经流态化预热后，大部分燃料氮提前被脱除，高浓度焦炭颗粒环境和强还原气氛下释放的气相燃料氮主要以 N_2 和 NH_3 形式存在，少量以 HCN-N 形式存在，开辟了煤氮定向转化的新路径，实现了在燃烧原位反应中抑制 NO_x 生成，此过程是煤粉预热燃烧技术可实现超低 NO_x 排放的重要原因。

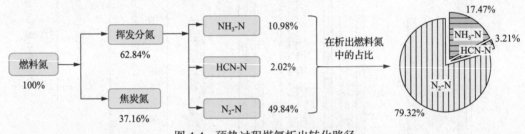

图 4-4　预热过程煤氮析出转化路径

4.2.2　空气当量比的影响

预热燃烧器空气当量比是影响燃料氮析出和转化的重要因素。然而当空气当量比变化后，预热温度也随之变化。为精准分析单一变量对燃料氮转化规律的影响，验证和扩展相关结论，进一步探索预热燃烧低 NO_x 排放机理，本节针对神木烟煤进行了预热试验，主要研究了不同空气当量比条件下的煤氮析出转化规律，分别选取了预热燃烧器空气当量比为 0.29、0.36 和 0.40 三个条件。研究过程中仅改变空气当量比，通过调节预热器外部辅热，控制预热温度相同。

不同空气当量比条件下预热过程煤氮析出转化路径如图 4-5 所示。由图可知，当空气当量比由 0.29 增加至 0.36 时，挥发分氮比例增加，促进了燃料氮向 NH_3-N 和 HCN-N 的转化，而 N_2-N 在析出煤氮中占比减小。这是由于氧含量的增加促进了挥发分的析出，大部分燃料氮随之释放至煤气中，但同时削弱了还原性气氛，降低了析出含氮物质被还原成 N_2 的概率；当预热燃烧器空气当量比由 0.36 增加至 0.40 时，挥发分氮比例减小，促进了燃料氮向 N_2-N 的转化，NH_3-N 和 HCN-N 在析出煤氮中的占比减小。这是由于氧含量上升导致 H 自由基消耗，根据 Li 和 Li[40]、Xie 等[41]的研究，HCN 和 NH_3 生成的第一步是 H 自由基加速含氮杂环结构的开环反应，引发 C—N 键的断裂。另外，HCN 和 NH_3 在高温下很难与 O_2 共存，因此，NH_3-N 和 HCN-N 的占比随着空气当量比的增加而减小。

采用 XPS 对原煤和预热焦炭中氮的形态进行了测定。原煤及不同空气当量比下预热焦炭含氮官能团相对含量如图 4-6 所示。空气当量比不同，为含氮官能团转化所提供的

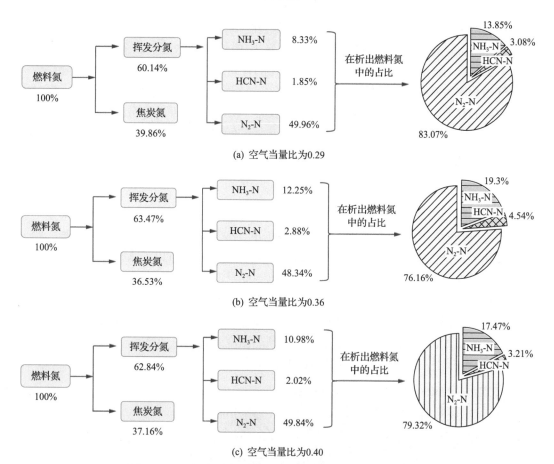

图 4-5　不同空气当量比条件下预热过程煤氮析出转化路径

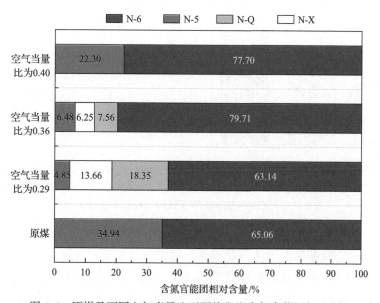

图 4-6　原煤及不同空气当量比下预热焦炭含氮官能团相对含量

化学反应条件会有所差异，进而影响了各含氮官能团在燃料中的相对含量。虽然原煤中没有 N-X 和 N-Q，但其可以部分保留在预热焦炭中（空气当量比为 0.29 和 0.36），推断其主要由不稳定的 N-5 转化而来。随着空气当量比的升高，N-X 和 N-Q 的含量呈下降趋势，在空气当量比为 0.40 时的预热焦炭中已不存在，这表明高温下氧量的升高促进了煤分子结构中氮的释放，同时 C—C 和 C=C 受到破坏，使得 N-X 和 N-Q 分解，随着 N—O 键的断裂和处于芳香结构内部的氮向结构单元边缘的转移，N-X 和 N-Q 主要向 N-5、N-6 等其他形式的含氮组分（如气相含氮物质）转化。

4.2.3 预热温度的影响

预热温度是影响燃料氮析出和转化的另外一个重要因素。然而预热温度的改变一般需要依靠改变空气当量比来实现。为精准分析单一变量对燃料氮转化规律的影响，验证和扩展相关结论，进一步探索预热燃烧低 NO_x 排放机理，本节以神木烟煤为燃料研究了不同预热温度条件下的煤氮析出转化规律。单一变量设计思路与 4.2.2 节相同，始终保持空气当量比不变，通过调节预热器外部辅热，实现预热温度的改变。

不同预热温度下神木烟煤在预热过程各含氮物质转化率及各类含氮物质在析出燃料氮中的总占比如图 4-7 所示。可以看出随着预热温度的升高，HCN-N、NH_3-N 逐渐增加而 N_2-N 逐渐减小，因此判断燃料氮发生了热迁移。

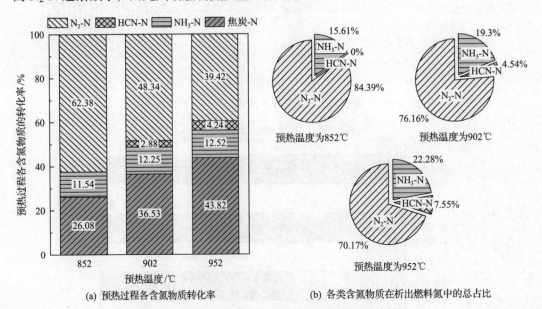

(a) 预热过程各含氮物质转化率 (b) 各类含氮物质在析出燃料氮中的总占比

图 4-7 不同预热温度条件下预热过程氮平衡计算结果

原煤及不同预热温度下预热焦炭含氮官能团相对含量如图 4-8 所示。预热焦炭中出现了 N-X 和 N-Q，判断其由 N-6 氧化而来。随着预热温度的升高，N-5 含量减小，N-X 和 N-Q 含量增加，这表明神木烟煤中的 N-X 和 N-Q 总是在高温下分解并转化为其他形式的含氮组分，而 N-5 性质很活泼，不易在高温环境下存在。综上所述，各含氮官能团在碳基燃料中的相对含量与预热温度有关，不同预热温度为含氮官能团转化所提供的化学反应条件不同。对于神木烟煤，预热温度升高后 N-X 和 N-Q 含量明显增加，倾向于完全转化。

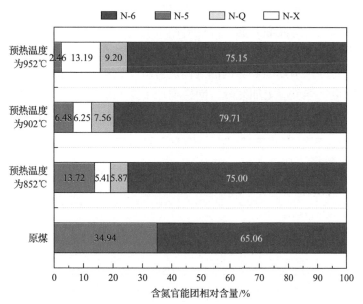

图 4-8 原煤及不同预热温度下预热焦炭含氮官能团相对含量

4.2.4 气氛的影响

富氧空气 (O$_2$/N$_2$) 燃烧是指燃料在氧气浓度高于 21% 的氧化剂 (O$_2$/N$_2$) 中燃烧[42]。随着氧化剂的氧气浓度增加，燃料的着火温度降低，燃尽时间减少，燃烧稳定性和燃烧效率都提高[43,44]。同时氮气的浓度随之降低，一方面烟气中二氧化碳得到富集，使得捕集二氧化碳更加经济和方便[45]；另一方面排烟量减少，排烟热损失也会降低，设备尺寸也可以变小，因此节省设备材料及占地面积[46,47]。并且富氧空气燃烧可以与经济安全的膜分离制氧方法结合[48,49]，达到燃料高效清洁利用的目的。

同时，富氧空气燃烧会显著提高燃烧温度，因此燃烧设备需要用价格昂贵的材料建造，还要考虑燃料的熔融特性等，给实际运行过程带来困难。如果运行温度超过 1500℃，还会有大量的热力型 NO 生成，引起大气环境污染等问题。由于固体燃料预热燃烧技术可以在不超过 1500℃ 的条件下实现燃料高效率燃烧，故可以利用固体燃料预热燃烧技术实现富氧空气气氛下燃料的高效清洁燃烧。

表 4-1 为 O$_2$/N$_2$ 气氛下，预热燃烧器内氧气浓度由 21.0% 变化到 24.4% 时的预热煤气的成分。根据氮平衡计算结果：当一次风氧气浓度为 21.0% 时，参加反应的燃料氮的摩尔流量 N_C 为 0.840mol/h，烟气中除氮气外含氮气体的摩尔流量 N_N 为 0.115mol/h，此时 N_C 和 N_N 并不相等。这证明了在预热燃烧器的强还原性气氛中燃料释放的氮元素中一部分被还原成 N$_2$，计算得出燃料氮向 N$_2$ 转化的份额为 0.473，即在预热燃烧器中燃料氮有 47.3% 转化为 N$_2$。当一次风氧气浓度升高至 24.4% 时，参加反应的燃料氮的摩尔流量 N_C（1.645mol/h）和烟气中除氮气外含氮气体的摩尔流量 N_N（0.306mol/h）依然并不相等，

计算得出此时预热燃烧器中燃料氮有 50.8%转化为 N_2。两个预热过程的氮平衡计算结果都表明预热过程是该试验系统能够大幅度降低 NO_x 排放的重要原因之一。而随着氧气浓度升高，预热过程中燃料氮被还原成 N_2 的比例升高。原因有二：首先是预热燃烧器内预热温度随着氧气浓度的升高而升高，温度升高引起更加剧烈的化学反应，使得气化产生的各组分浓度都有所提高，还原性气氛增强，含氮气体更倾向于被还原成 N_2；然后是随着氧气浓度升高，进入预热燃烧器内的气体流量减少，进而增加了颗粒在预热燃烧器内的停留时间，使得化学反应更加充分，同样增加了氮元素的被还原程度。

表 4-1 预热煤气分析

预热煤气分析	氧气浓度	
	21.0%	24.4%
CO 浓度/%	7.76	12.45
CO_2 浓度/%	14.14	15.91
H_2 浓度/%	5.87	8.17
CH_4 浓度/%	1.14	1.39
O_2 浓度/%	0.00	0.00
NO 浓度/(mg/Nm³)	0.00	0.00
NO_2 浓度/(mg/Nm³)	0.00	0.00
N_2O 浓度/(mg/Nm³)	0.00	0.00
NH_3 浓度/(mg/Nm³)	378.00	473.00
HCN 浓度/(mg/Nm³)	28.00	16.00
低位热值/(MJ/Nm³)	2.02	2.96

实验室规模的煤粉富氧燃烧研究通常采用 O_2/CO_2 混合气体来模拟实际燃煤电站的氧气/再循环烟气过程[50,51]。表 4-2 为 O_2/CO_2 气氛时，不同氧气浓度下预热过程中氮元素的释放率。

表 4-2 不同氧气浓度下氮元素的释放率

氧气浓度/%	23.8	25.3	27.1	29.0
氮元素释放/%	27.8	37.73	40.73	46.83

氮元素的释放率随着预热过程中氧气浓度的增加而增加，这是由于氧气浓度增大过程中停留时间、反应温度和氧气扩散速率均增加，这有助于氮元素的释放率的提升。预热过程中抑制 NO 的形成对于减少试验系统中的 NO_x 排放具有重要作用，同时也表明有近 50%的燃料氮转化发生在后续的燃烧中，通过在燃烧中采取有效的氧气分级配风方式可以减少排放。表 4-3 总结了四种氧气浓度下的氮平衡计算结果。可以观察到，当氧气浓度从 21.8%增加到 29.1%时，氮元素被还原成氮气的比例从 29.07%增加到 52.00%。

表 4-3 氮平衡计算结果

项目名称	氧气浓度			
	21.8%	23.9%	26.3%	29.1%
一次风中氮气浓度/%	8.83	9.58	10.39	11.34
一次风流量/(Nm³/h)	8.64	7.97	7.36	6.76
预热煤气流量/(Nm³/h)	31.14	30.79	27.51	24.73
氮元素摩尔流量/(mol/h)	1.3504	1.3847	1.4282	1.4732
HCN 及 NH₃ 中的氮的摩尔流量/(mol/h)	0.5710	0.4178	0.2395	0.0790
煤氮向氮气转化比/%	29.07	36.07	44.34	52.00

本节借助 XPS 对原煤及预热焦炭表面的 N 元素的官能团进行了测量分析[52,53]。预热煤气中所包含的 N_2、NH_3 以及 HCN 均为氮氧化物的前驱体，在无 N_2 存在的气氛中这三者均来自于燃料氮的释放。不同一次风氧气浓度下预热焦炭中包含的含氮官能团的峰值及拟合峰谱与实际峰谱的对比见图 4-9。含氮官能团的相对含量及绝对含量

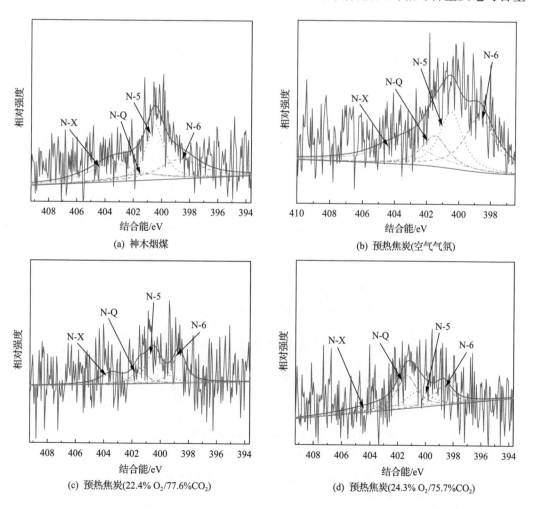

(a) 神木烟煤

(b) 预热焦炭(空气气氛)

(c) 预热焦炭(22.4% O₂/77.6%CO₂)

(d) 预热焦炭(24.3% O₂/75.7%CO₂)

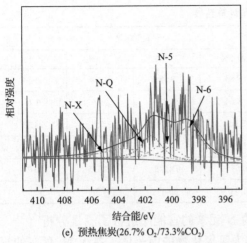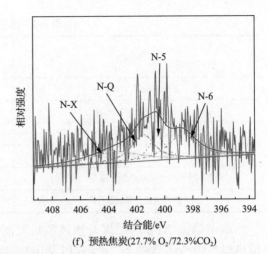

(e) 预热焦炭(26.7% O$_2$/73.3%CO$_2$) (f) 预热焦炭(27.7% O$_2$/72.3%CO$_2$)

图 4-9 含氮官能团峰谱拟合

如图 4-10 所示。吡咯氮(N-5)是原煤的主要含氮官能团,只有 13.37%(N-Q)的氮嵌入多环芳烃结构中。原煤中存在较高比例的氧化氮(N-X)是由于煤分子边缘的吡啶氮(N-6)与空气中的氧发生氧化反应。

在预热过程中,焦炭裂解会产生自由基,促进芳烃结构重组为更稳定的结构,同时也会伴随含氮挥发物的析出,主要是 N$_2$、NH$_3$ 和 HCN。由于 N-5 自由基的热解反应的活化能小于 N-6,因此 N-6 与 N-5 相比具有更高的热稳定性[15,54]。由图 4-10 可以看出,经预热后 N-6 所占比例要多于原煤,而 N-5 的含量则比原煤要少,由此可知预热过程中发生了 N-5 向 N-6 的转化或者 N-5 裂解率大于 N-6。随着一次风氧气浓度从 28.6%提高到 37.9%,N-5 在预热燃料中的比例逐渐增加,而 N-6 逐渐减少,表明一次风氧浓度的增加抑制了 N-5 向 N-6 的转化过程或者缩小了 N-5 与 N-6 裂解速度的差距。预热燃料中 N-X 的存在可能是由大气中或焦炭表面上的氮元素与氧元素的结合引起的。如上所述,

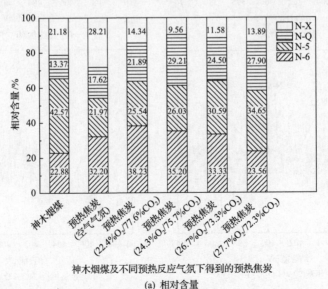

神木烟煤及不同预热反应气氛下得到的预热焦炭

(a) 相对含量

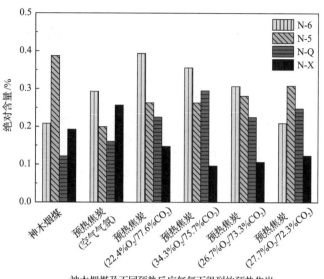

(b) 绝对含量

图 4-10 含氮官能团比例

N-Q 嵌于煤分子的多环芳烃结构中，是四种含氮官能团中最稳定的结构，一方面 N-Q 不易裂解，另一方面 N-5 和 N-6 也会发生向更稳定的 N-Q 的转化，这是预热后 N-Q 比例增加的原因。而 N-X 由于其不稳定性，在预热过程中更易转化为气态的含氮产物。从宏观角度来看，原煤中燃料氮向预热煤气中含氮气体的转化率随一次风氧气浓度的增大而增大，可见氧气扩散能力的增强和预热温度的提升对含氮官能团的裂解有促进作用。

图 4-11 为原煤及不同条件下预热焦炭含氮官能团的相对含量和绝对含量。预热后 N-Q 略有增长，且随一次风过量氧气系数的增长变化幅度较小，可认为其他含氮官能团向 N-Q 的转变及 N-Q 自身的裂解不受一次风过量氧气系数增减的影响。N-5 和 N-6 随一

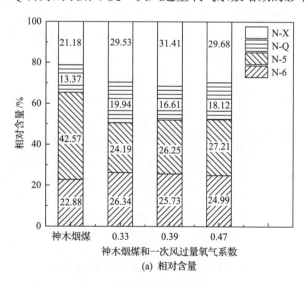

(a) 相对含量

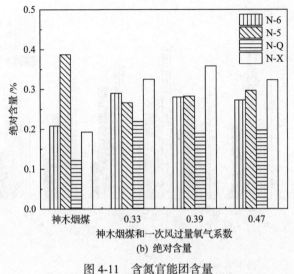

图 4-11　含氮官能团含量

次风过量氧气系数的变化趋势与前文所述随一次风氧气浓度的变化趋势一致。一次风过量氧气系数的增加同样抑制了 N-5 向 N-6 的转化过程或者削弱了 N-5 与 N-6 裂解速度之间的差距。总体来说，一次风过量氧气系数对预热焦炭特性的影响较小。

4.2.5　粒径的影响

燃料粒径对预热过程燃料氮的析出和转化特性有重要影响，粒径的大小决定了燃料与气体的接触面积以及传热速率的大小。本节中以阿右旗褐煤为燃料，选取了 0～0.355mm、0～0.5mm 和 0～1mm 三种不同的粒径进行试验研究。

基于氮气平衡对三种粒径范围的燃料在预热器内的煤氮迁移转化路径进行计算，计算所得的迁移转化率大小如图 4-12 所示。粒径为 0～0.5mm 的阿右旗褐煤预热过程煤氮

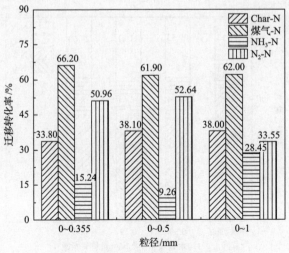

图 4-12　预热过程煤氮的迁移转化率

Char-N 为预热焦炭

向 N_2 转化的比例最大，其次是 0～0.355mm 的阿右旗褐煤，而 0～1mm 的阿右旗褐煤最小。粒径为 0～0.355mm 的阿右旗褐煤预热过程煤氮随挥发分释放的比例最大，另外两种粒径的阿右旗褐煤以煤气中氮(图中煤气-N)形式释放的比例相近。粒径为 0～1mm 的阿右旗褐煤预热煤氮向 NH_3-N 转化的比例最大，其次是 0～0.355mm 的阿右旗褐煤，0～0.5mm 最小，以上结果说明，粒径越小越有利于预热过程煤氮的释放。

4.2.6　煤种的影响

燃料在预热过程中会经历挥发分析出及气化燃烧过程,生成高温的预热燃料。因此，在这一过程中，燃料自身性质不同将会对预热过程产生较大的影响，继而影响到预热燃料的燃烧和 NO_x 的生成。为得到适用于不同种类燃料的燃料氮转化规律，验证和扩展相关结论，本节对不同煤种条件下预热过程中燃料氮的转化特性进行了研究，选用挥发分含量不同的三种典型煤种：烟煤、无烟煤和褐煤作为试验燃料，同时选用了两种超低挥发分碳基燃料：半焦和气化飞灰作为对比组。试验过程中保持预热器运行条件不变，仅改变煤种，探索预热过程燃料氮转化规律与燃料种类的对应变化，总结相应控制方法，为后续技术推广和设备改进提供理论依据。

试验所选燃料的工业分析及元素分析结果见表 4-4。通过简单筛分，将五种碳基燃料的粒径控制在 0～0.18mm 范围内，研究中保证试验台的输入热功率和预热燃烧器空气当量比不变。

表 4-4　燃料工业分析与元素分析

燃料	元素分析(质量分数)/%					工业分析(质量分数)/%				热值 Q_{net}/(MJ/kg)
	C_{ad}	H_{ad}	O_{ad}	N_{ad}	S_{ad}	M_{ad}	FC_{ad}	V_{ad}	A_{ad}	
神木烟煤	72.44	4.06	11.13	1.02	0.55	5.06	56.83	32.37	5.74	28.04
晋城无烟煤	70.44	2.36	2.16	0.6	2.81	0.93	71.84	6.53	20.7	25.96
内蒙古褐煤	71.65	4.56	6.39	0.83	0.52	1.23	43.87	40.08	14.82	28.39
神木半焦	77.60	1.24	4.26	0.84	0.36	6.64	75.85	8.45	9.06	27.03
荏平气化飞灰	81.88	0.81	0	0.6	0.52	0.73	81.51	2.16	15.6	28.81

不同燃料在预热过程中各组分的转化率如图 4-13 所示。神木烟煤和内蒙古褐煤挥发分转化率均可以超过 80%，神木半焦和荏平气化飞灰在预热之前已经经历过挥发分的析出，剩余的挥发分主要存在于煤焦颗粒内部，因此预热过程中挥发分的析出会较为缓慢，尤其荏平气化飞灰表面孔结构较差，导致挥发分转化率较小。只关注三种煤粉，可以看到，预热过程中挥发分的转化率随煤阶的升高和煤中挥发分含量的降低而降低。对于 C 转化率，荏平气化飞灰和晋城无烟煤的 C 转化率分别只有 30.98% 和 45.96%，其他燃料 C 转化率都达到 60% 以上。神木烟煤和内蒙古褐煤中大部分的氮随挥发分释放到煤气中并主要转化为 N_2，而荏平气化飞灰和晋城无烟煤燃料氮的转化率仅为 17.82% 和 40.17%，并且明显低于挥发分，大部分氮残留在高温预热焦炭中。

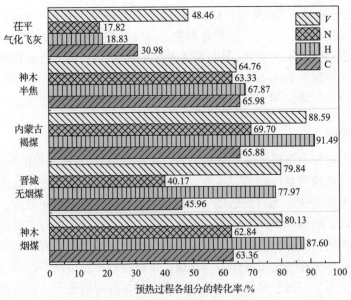

图 4-13　预热过程各组分的转化率

预热过程中各含氮物质的转化率以及各类含氮物质在析出燃料氮中的总占比计算结果分别如图 4-14 和图 4-15 所示。虽然操作参数相同，但由于碳基燃料之间的特性不同，在不同的化学环境下燃料氮的转化规律有较大差异。对于神木烟煤，N_2-N 转化率最高，为 49.86%，在析出燃料氮中占比为 79.35%，其次是 NH_3-N，仅有小部分燃料氮转化为 HCN-N；对于内蒙古褐煤，N_2-N 转化率最高，其次是 NH_3-N，转化率为 17.19%，HCN-N 转化率较低；对于晋城无烟煤，N_2-N 转化率最高，在析出燃料氮中的占比超过 80%，

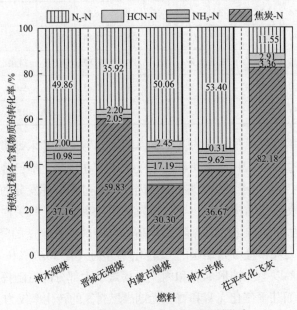

图 4-14　预热过程各含氮物质的转化率

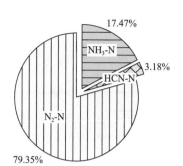

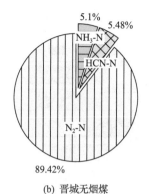

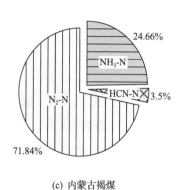

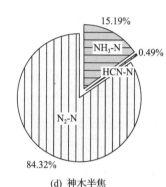

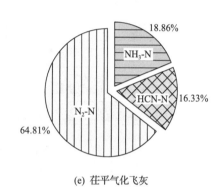

图 4-15　各类含氮物质在析出燃料氮中的总占比

NH$_3$-N 和 HCN-N 占比相近，均在 5%左右；对于神木半焦，燃料氮主要向 N$_2$ 转化，转化率超过 50%，在析出燃料氮中占比超过 80%，其余析出燃料氮几乎全部转化为 NH$_3$；对于荏平气化飞灰，超过 80%的燃料氮固留在焦炭中，析出的燃料氮主要向 N$_2$ 转化，转化率仅为 11.55%，NH$_3$-N 和 HCN-N 占比相近，在析出燃料氮中的占比分别为 18.86% 和 16.33%。总体来看，随着煤阶及碳基燃料挥发分含量的增加，N$_2$-N 转化率先增加后减小，NH$_3$-N 和 HCN-N 转化率均先减小后增加。

原煤及预热焦炭含氮官能团相对含量如图 4-16 所示。在本节中，神木烟煤中没有 N-X 和 N-Q，证明所有氮原子都位于有机芳香结构单元的边缘。神木烟煤预热后主要发生了 N-5 向 N-6 的转化，这是因为 N-5 作为吡咯类的五元杂环氮，在所有的有机含氮官能团中最活泼，高温条件下很难存在，并主要向 N-6 转化。晋城无烟煤和内蒙古褐煤预热后，N-X、N-Q 含量减少，N-6 含量增加，推断 N-X 中的 N—O 键在预热环境中断裂，N-Q 中的氮也随着 C—C 及 C═C 键的破坏，逐渐外露转化为芳香环边缘上的氮，均发生向 N-6 的转化；且内蒙古褐煤预热后 N-5 明显减少，说明也发生了 N-5 向 N-6 的转化。对于神木半焦，预热后 N-X、N-Q 和 N-6 含量均明显减少，推断预热后最主要发生的是各含氮官能团向 N-5 的转化，或随挥发分一同释放转移到气相含氮组分中。对于荏平气化飞灰，主要发生了 N-X、N-Q 向 N-5 和 N-6 的相互转化。这是由于 N-X 可以发生脱氧反应转化为 N-5，并参与周围 C 原子的氧化，而 N-Q 也具有一定的活泼性，氮逐渐迁移至芳香环边缘。

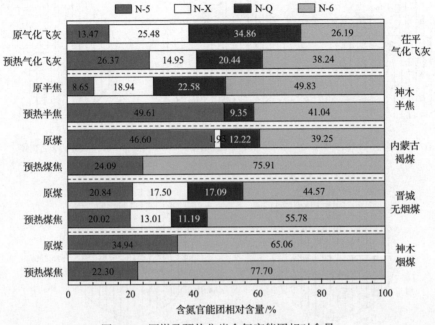

图 4-16 原煤及预热焦炭含氮官能团相对含量

综上所述，各含氮官能团在碳基燃料中的相对含量与煤种有关，煤种不同，为含氮官能团转化所提供的化学反应条件不同。在预热过程中，燃料氮在焦炭与挥发分之间进行分配，分配比例以及预热焦炭中各官能团所占的份额与预热过程的化学环境有关，从而进行不同路径不同结果的相互转化。对于挥发分含量较高的煤种，其预热后 N-X 和 N-Q 倾向于完全转化，很难保留在焦炭中。

4.3 预热燃料燃烧 NO$_x$ 生成特性

4.3.1 燃烧中氮迁移转化路径

预热过程的还原性强，预热后的煤气中未检测到 NO$_x$，因此 NO$_x$ 主要在下行预热燃烧装置燃烧室中生成。NO$_x$ 是由煤气中 NO$_x$ 前驱体(HCN 和 NH$_3$)和焦炭中的焦炭氮氧化而成。通常，当预热燃料遇到二次空气时，由于均相和非均相反应速率的差异，煤气中的部分 NO$_x$ 前驱体被迅速氧化为 NO$_x$，而焦炭氮的氧化相对较慢。此外，部分焦炭氮首先被释放并转化为 NO$_x$ 前驱体，而不是直接转化为 NO$_x$，然后 NO$_x$ 前驱体通过一系列热化学反应进一步转化为 NO$_x$，具体反应见式(4-6)~式(4-10)。

$$NCO+O \longrightarrow NO+CO \tag{4-6}$$

$$NH_3+OH \longrightarrow NH_2 + H_2O \tag{4-7}$$

$$NH_2 + O \longrightarrow HNO + H \tag{4-8}$$

$$HNO + OH \longrightarrow NO + H_2O \tag{4-9}$$

$$HNO + NH_2 \longrightarrow NO + NH_3 \tag{4-10}$$

同时，由于煤气还原性强，O_2 供应不足，生成的 NO_x 主要通过下行燃烧室上部快速均相反应式 (4-11) ~式 (4-13) 被还原。其中式 (4-11) 为主要反应，式 (4-12) 和式 (4-13) 为次要反应。究其原因，主要是煤气中较低的原始 CH_4 浓度不能为式 (4-12) 提供足够的还原剂。同时，在 1400K 以下，H_2 均相还原 NO_x 的效果较弱，因此式 (4-13) 的影响不明显。随着煤气的减少，下行燃烧室下部以焦炭对 NO_x 的非均相还原为主。虽然非均相还原速度较慢，但与煤气相比，它贯穿了整个燃烧过程。因此，焦炭对 NO_x 的最终排放也有重要影响。

$$CO + NO \longrightarrow \frac{1}{2}N_2 + CO_2 \tag{4-11}$$

$$CH_i + NO \longrightarrow OH + CO + N_2 + \cdots \tag{4-12}$$

$$H_2 + NO \longrightarrow H_2O + \frac{1}{2}N_2 \tag{4-13}$$

式中，下标 i 表示 H 原子个数。

通过开展试验，对下行燃烧室沿程的含氮气体进行检测和分析，以探索燃烧过程中燃料氮的迁移转化路径。

HCN 浓度变化曲线见图 4-17(a)。HCN 在高温预热燃料中的浓度极低，其最高浓度在下行燃烧室 400mm 处，仅为 16.7mg/m³。HCN 不稳定，容易在缺氧时转化为 N_2，或在氧充足时转化为 NO_x。由于在下行燃烧室顶部区域氧气浓度较低，故而 HCN 更大概率转化为 N_2。

NH_3 浓度变化曲线见图 4-17(b)。NH_3 在高温预热燃料中的浓度较高，进入燃烧室后浓度急剧下降。NH_3 是 NO_x 较好的抑制剂，在电厂中被广泛用于脱硝[55]。由于 NH_3 具有还原性，在主燃烧区内可以还原部分 NO_x。NH_3 参与的主要反应为[56]

$$NH_3 + H \longleftrightarrow NH_2 + H_2 \tag{4-14}$$

$$NH_2 + NO \longleftrightarrow H_2O + N_2 \tag{4-15}$$

NO_2 及 NO 浓度变化曲线分别见图 4-17(d) 和图 4-17(e)。由于强还原性，高温煤气中没有 NO_x。N_2O、NO 和 NO_2 在燃料喷口处快速生成，并在下行燃烧室 150mm 处达到峰值，而后在高温环境下由于热分解作用，其浓度沿下行燃烧室不断降低。分析可知，含氮气体的氧化和预热焦炭中的焦炭氮是 NO_x 的两个主要来源。对于神木烟煤，由于 60%~70% 以上的燃料氮在预热过程中被释放，预热焦炭中的氮含量较少，预热燃料燃烧产生的 NO_x

主要来自煤气中的 NH_i 基团或—CN。预热燃料一进入下行燃烧室便可以与氧化剂充分接触,且二次风喷口附近的温度在 1000~1300K 范围内,因此燃料氮会被迅速氧化成 N_2O 和 NO_2,见图 4-17(c) 和图 4-17(d)。NO_2 浓度下降的速度相对较快,在 400mm 处已为 0,表明 NO_2 优先被还原,其稳定性比 N_2O 差。NO 浓度沿下行燃烧室轴向距离缓慢下降,逐渐参与均相/非均相反应而被还原,N_2O 和 NO_2 的最终浓度均可以忽略不计。在该试验中,$NO_x(NO+NO_2)$ 的最终排放数值为 67.37mg/m³(以氧气浓度为 6% 为基准)。

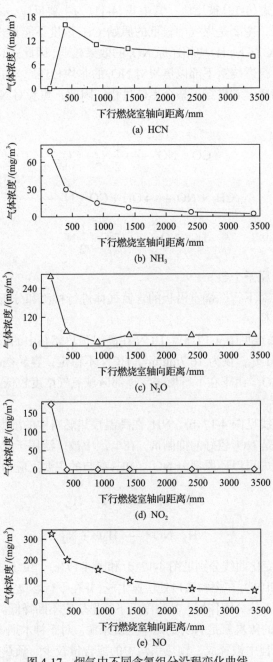

图 4-17 烟气中不同含氮组分沿程变化曲线

4.3.2　预热条件的影响

预热燃烧器空气当量比对于煤粉的预热特性有较大的影响，在实际过程中随着空气当量比的增加预热燃烧器内的温度会增加，因此预热燃烧器空气当量比的影响是一个综合因素，气氛和温度的变化同时作用于燃料的预热过程，会对预热燃料的特性产生影响，进而会影响预热燃料在下行燃烧室的燃烧特性和 NO$_x$ 排放。本节主要研究不同预热燃烧器空气当量比对预热燃料燃烧中 NO$_x$ 生成特性的影响，选取了 0.27、0.35 和 0.43 三个不同的预热燃烧器空气当量比进行研究。

不同的预热燃烧器空气当量比(λ_p)下燃烧室沿程 NH$_3$ 浓度变化曲线见图 4-18。过程中并未检测到明显的 HCN 存在，由此表明 NH$_3$ 是 NO$_x$ 的主要前驱物。由图可知，当预热燃烧器空气当量比为 0.43 时，燃烧室顶部 NH$_3$ 浓度最高。三个工况均在下行燃烧室 400mm 处 NH$_3$ 浓度达到峰值，分别为 18.0×10^{-6}($\lambda_p=0.27$)、12.5×10^{-6}($\lambda_p=0.35$)及 57.2×10^{-6}($\lambda_p=0.43$)，且最终的 NH$_3$ 浓度均在 10×10^{-6} 以下。NH$_3$ 在燃烧室 400mm 后与 O$_2$ 快速反应，浓度急剧下降。NH$_3$ 可能被一步步氧化为 NO，或与 NO 反应生成 N$_2$。

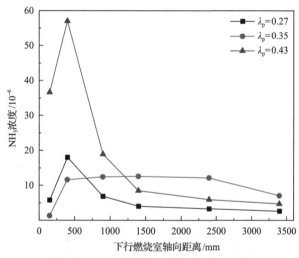

图 4-18　不同预热燃烧器空气当量比下燃烧室沿程 NH$_3$ 浓度变化曲线

不同的预热燃烧器空气当量比下燃烧室沿程 NO 及 NO$_2$ 浓度变化曲线见图 4-19 和图 4-20。燃烧室内的 NO$_2$ 浓度均较低，预热后燃烧产生的 NO$_x$ 主要以 NO 形式存在。NO$_2$ 主要在富燃料区域大量生成，并在火焰后方转化为 NO。由图 4-19 可知，NO 在预热燃料喷口出口处大量生成，这是由于 NH$_i$ 及—CN 等物质在遇到 O$_2$ 后被迅速氧化。当预热燃烧器空气当量比和预热温度较低时，NO 浓度相对偏高，增大预热燃烧器空气当量比和预热温度可以大幅降低 NO 排放。但过高会出现相反的效果，NO 排放增加，且影响运行的安全性和稳定性。

不同的预热燃烧器空气当量比下 NO$_x$ 及 CO 排放浓度见图 4-21，其中所有的数据均已转化为 6% 的氧气浓度下的标准值。当预热燃烧器空气当量比和预热温度较低时，NO$_x$ 浓度相对偏高，适当增大预热燃烧器空气当量比和预热温度可以有效降低 NO$_x$ 排放水平。

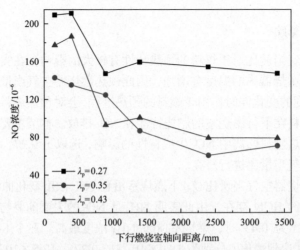

图 4-19　不同预热燃烧器空气当量比下燃烧室沿程 NO 浓度变化曲线

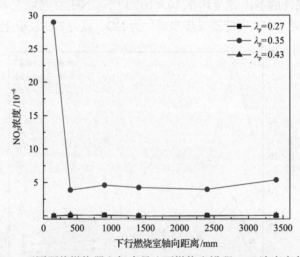

图 4-20　不同预热燃烧器空气当量比下燃烧室沿程 NO_2 浓度变化曲线

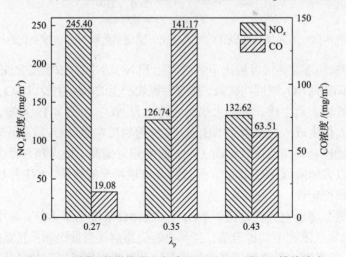

图 4-21　不同预热燃烧器空气当量比下 NO_x 及 CO 排放浓度

预热燃烧器空气当量比增加，在预热过程中燃料氮的转化率也会增加，导致更多的燃料氮向 N$_2$ 和 NH$_3$ 转化，有利于 NO$_x$ 减排。另外，随着预热温度的增加，预热后的焦炭孔隙结构变得更加发达，有利于后续燃烧过程中 NO$_x$ 在焦炭表面的还原。这两点的综合作用使预热燃烧器空气当量比和预热温度越高，最终的 NO$_x$ 排放越低。与 NO$_x$ 相反，增大预热温度会使得 CO 排放浓度稍有增大，但 CO 排放浓度依然处于合理范围之内。最终 NO$_x$ 浓度分别为 245.40mg/m^3、126.74mg/m^3 和 132.62mg/m^3，而 CO 浓度分别为 19.08mg/m^3、141.17mg/m^3、63.51mg/m^3。

4.3.3 预热燃料与二次风掺混的影响

预热燃料与二次风的不同掺混方式和掺混比例是影响燃烧特性和 NO$_x$ 排放的重要因素。本节研究所用的二次风喷口结构如图 4-22 所示，探讨将二次风全部从环形风给入、从预混风给入、以 1∶1 的比例分别从中心风和预混风给入、以 1∶1 的比例分别从环形风和预混风给入这四种二次风配风方式对神木烟煤的预热燃料燃烧特性和 NO$_x$ 排放的影响。

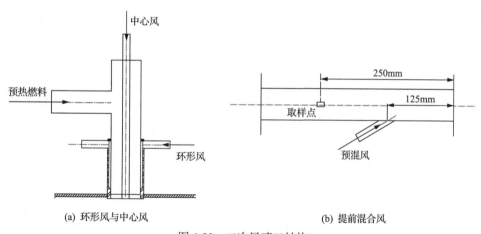

(a) 环形风与中心风　　　　　　(b) 提前混合风

图 4-22　二次风喷口结构

四种二次风配风方式下的尾部 NO$_x$ 排放如图 4-23 所示。可以看出，二次风不提前与预热燃料进行混合时 NO$_x$ 稳定排放值约为 90mg/m^3（氧气浓度为 6%），对应的燃料氮转化成 NO$_x$ 的比例约为 2.24%；一旦有部分二次风从预混风入口给入后，尾部 NO$_x$ 排放值就降低，在 60～90mg/m^3（氧气浓度为 6%），燃料氮转化成 NO$_x$ 的比例在 1.49%～1.99%；三种有预混风给入的二次风配风方式下尾部 NO$_x$ 排放大小比较为：二次风全部从预混风入口给入时最低，二次风以 1∶1 的比例分别从中心风和预混风入口给入时次之，二次风以 1∶1 的比例分别从环形风和预混风入口给入时最高，这主要是受高温煤基燃料的喷射速度以及温度分布的影响，因为 NO$_x$ 的生成主要与火焰温度和停留时间有关，而喷射速度决定了燃料在炉内的停留时间，不同的二次风配风方式会使高温煤基燃料和空气的混合方式不同，导致不同位置处的燃烧状况和温度分布不同，进而影响最终的 NO$_x$ 排放。

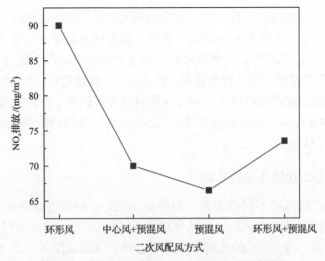

图 4-23　不同二次风配风方式下的 NO$_x$ 排放情况

　　结合四个工况下的尾部 NO$_x$ 排放、预热过程的高温煤气成分和预热半焦转化率，可得四个工况下的预热燃烧全过程煤氮迁移转化路径，如图 4-24 所示。经过预热过程后，仅有 13%的燃料氮残存在预热半焦中，87%的燃料氮以气体的形式析出释放，其中 N$_2$ 所占的比例为 64.11%，NH$_3$ 和 HCN 所占的比例分别为 7.57%和 15.32%，HCN 所占比例约为 NH$_3$ 所占比例的两倍，造成这种现象的原因是当预热燃烧器空气当量比为 0.61、预热温度为 975℃时，预热过程有利于燃料氮直接以 N$_2$ 的形式析出，HCN 是燃料氮转变成

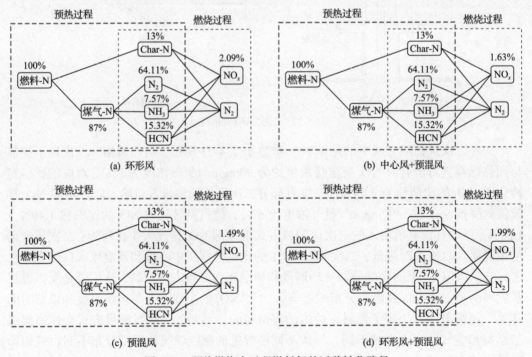

图 4-24　预热燃烧全过程燃料氮的迁移转化路径

NO$_x$ 的唯一中间产物，NH$_3$ 是通过 HCN 的水解反应生成的。从图中可以看出，当二次风不提前与高温煤基燃料进行混合时，整个燃烧过程的燃料氮转化成 NO$_x$ 的比例约为 2.09%；一旦有预混风与高温煤基燃料提前混合后，尾部 NO$_x$ 排放会发生骤降，其燃料氮转化成 NO$_x$ 的比例分别为 1.63%、1.49%、1.99%，从这一结论可以看出，预混风的加入有助于预热出口的煤气氮直接以 N$_2$ 的形式释放和高温预热半焦内的焦炭氮还原，从而降低尾部 NO$_x$ 的排放。

通过空气分级，使燃料首先在贫氧条件下燃烧，抑制 NO$_x$ 的生成；然后在燃烧区域下游合适位置通入剩余的燃尽风，保证燃料的高效燃烧。该手段可以有效降低煤粉燃烧中 NO$_x$ 的排放，因此被燃煤电厂广泛使用。大量的科研人员对空气分级燃烧进行了深入的研究，并提出了不同的空气分级形式[57-63]。由于气固两相燃料燃烧与煤粉燃烧存在差别，需要对其分级燃烧特点进行试验探究。本节对二次风当量比的影响进行了相关探讨，试验过程中保持给煤速率、一次风当量比及总过量空气系数不变，只调节二次风当量比 λ_2。

不同二次风当量比时 NO$_x$ 及 CO 排放浓度（氧气浓度为 6%）见图 4-25。二次风当量比为 0.40 时，NO$_x$ 排放浓度为 64.35mg/m^3。由此可见，NO$_x$ 排放浓度并非随着二次风当量比线性变化。随着二次风当量比的增高，NO$_x$ 排放先降低后增大，因此二次风当量比过高或过低均会使得最终 NO$_x$ 排放较高。在 Fan 等[64]、Spliethoff 等[65]以及 Yang 等[66]的研究中，通过空气分级，可以极大地降低燃烧设备尾部的 NO$_x$ 排放，且 NO$_x$ 的还原率与分级的程度呈正相关。这与本试验结论并不相符。这是由于常规煤粉燃烧中，挥发分除了对稳定燃烧有利外，挥发分中的氮也是 NO$_x$ 的一个主要来源。因此，通过深度分级配风，可以将挥发分中的氮定向还原为 N$_2$，从而达到降低 NO$_x$ 的目的。但在本节中，燃料的大量挥发分在预热过程中析出，在下行燃烧室中进行分级配风的目的除了抑制已生成的少量 NO$_x$ 的前驱物转化为 NO$_x$ 外，更为了抑制焦炭中的氮向 NO$_x$ 转化。而对于焦炭 NO$_x$ 的还原，存在合适的氧气浓度范围[67,68]。为了煤粉稳定燃烧，Spliethoff 等[65]和 Yang 等[66]

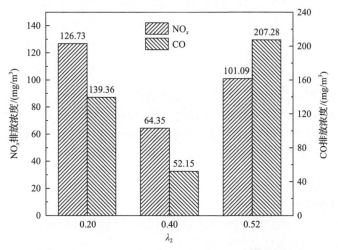

图 4-25　不同二次风当量比时 NO$_x$ 及 CO 排放浓度

的研究中空气当量比最低为 0.65，Fan 等[64]中为 0.61，因此对于更低的还原区空气当量比的情形，他们并没有进一步的讨论。根据本节的试验结果，为了达到 NO$_x$ 低排放要求，应合理控制二次风当量比在 0.40 左右。

结合前述试验，可以看到，通过合理改变预热燃料与二次风的掺混方式、二次风当量比等手段，可以有效地降低 NO$_x$ 排放。对于燃尽风，其射流位置及合理分配仍然有助于进一步降低 NO$_x$。本节采用径向对冲型燃尽风喷口，如图 4-26 所示，主要针对燃尽风喷口位置对 NO$_x$ 排放的影响进行详细探讨，试验系统中燃尽风喷口位置共有三个，分别距离预热燃料喷口 500mm、1000mm 和 1500mm。

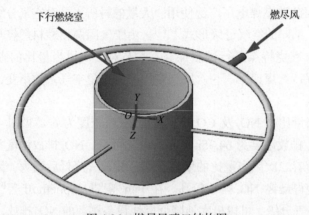

图 4-26　燃尽风喷口结构图

不同燃尽风喷口位置条件下 NO$_x$ 及 CO 排放浓度（氧气浓度为 6%）见图 4-27。从图中可知，NO$_x$ 排放浓度并没有随着燃尽风喷口的下移而呈线性变化。当燃尽风从下行燃烧室 1000mm 处喷入时，NO$_x$ 排放浓度最低，几乎为下行燃烧室 500mm 和 1500mm 处喷入燃尽风时 NO$_x$ 排放浓度的一半。由此表明，通过合理布置燃尽风位置，可以有效降低 NO$_x$ 及 CO 排放浓度。Fan 等研究人员[64,65,69-71]在其他煤粉燃烧设备上对燃尽风喷口位置进行了相关探讨，其结果均表明，随着燃尽风喷口远离预热燃料喷口，还原区扩大，NO$_x$ 还原率升高，排放浓度降低。在本节中，NO$_x$ 还原率并非随着还原区的扩大而单调增加。造成这种差别的主要原因是，进入下行燃烧室的预热燃料是高温气固两相燃料，本身与煤粉有所区别，燃烧过程和热释放过程不同，NO$_x$ 的降低并非简单通过延长还原区停留时间来实现，而是通过低氧扩散燃烧及均匀的热释放率来实现。通过空气分级，延长反应物在还原区的停留时间，NO$_x$ 排放的降低程度有限。该方法主要用于控制挥发分氮向 NO$_x$ 的转化，但对于控制焦炭氮向 NO$_x$ 的转化收效甚微。对于本试验系统，在下行燃烧室中产生的 NO$_x$ 很大程度来源于焦炭氮。因此，通入燃尽风不仅仅是为了制造还原区，也是为了控制预热燃料与燃烧空气的混合过程，控制热释放速率及燃料氮的释放速率，达到燃料氮定向转化为 N$_2$ 的目的。就本次试验而言，在 1000mm 处通入燃尽风，使得燃烧过程最为均匀，整个燃烧区间氧气浓度低且氧气弥散在整个下行燃烧室内，燃料氮释放速率适中，因而 NO$_x$ 排放最低。

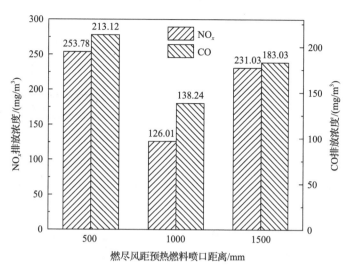

图 4-27　不同燃尽风喷口位置条件下 NO$_x$ 及 CO 排放浓度

　　基于煤粉预热燃烧技术，将煤粉预热至 850℃以上，再配合二次风射流卷吸，克服高温空气方法的局限性，避免高速射流造成的着火延迟等缺陷，具有实际的研究价值。因此，喷口结构对于高温预热燃料和助燃二次风的掺混和组织有重要影响，选择合适的喷口结构可以实现燃料的稳定燃烧，并且进一步降低 NO$_x$ 排放。因此本节选取了不同的喷口结构进行了试验探索，并对不同喷口下的燃料氮的析出转化规律进行了研究。

　　试验所用的二次风喷口结构如图 4-28 所示，利用这些不同的结构可以实现预热燃料和燃烧空气不同的掺混效果，从而在下行燃烧室产生不同的燃烧特征。喷口 1 为对称布置平行射流喷口，高温预热燃料由中心筒喷入，二次风则从预热燃料喷口两侧对称的通道喷入。预热燃料射流速度为 10～25m/s，而二次风射流速度则为 10～100m/s。喷口 2～6 均为是高温预热燃料与二次风同轴射流喷口。对于喷口 2，高温预热燃料从中心筒喷入，中间一层为内二次风通道，最外侧为外二次风通道；对于喷口 3，高温预热燃料通道出口水平面与二次风通道出口水平面之间有一个高度为 10mm 的内部预燃空间，可以用于改善高温预热燃料的着火燃烧性能；对于喷口 4，内二次风通道有旋流叶片，且出口处

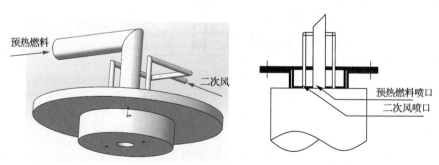

(a) 二次风喷口1结构图

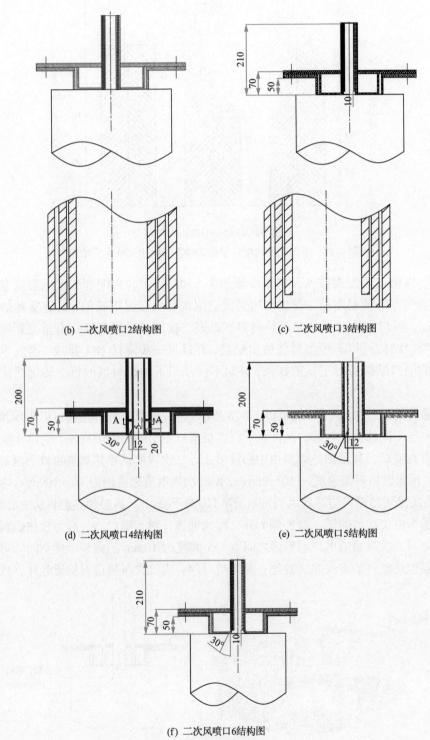

(b) 二次风喷口2结构图　　　　　　　(c) 二次风喷口3结构图

(d) 二次风喷口4结构图　　　　　　　(e) 二次风喷口5结构图

(f) 二次风喷口6结构图

图 4-28　二次风喷口结构(单位：mm)

变窄。在同样的内二次风风量的情况下，该喷口的内二次风将拥有较高的风速且有一定的旋流强度。对于喷口 5，内二次风通道没有布置旋流叶片，内二次风为直流射流；对于喷口 6，出口处出现喇叭状扩口，在内二次风通道与预热燃料通道的出口处也存在高度为 10mm 的预燃空间，且外二次风射流向外偏离中心线 30°。

喷口结构对下行燃烧室的温度分布的影响见图 4-29。不同喷口结构对燃烧室温度分布的影响主要体现在下行燃烧室 1000mm 以上区域，下游区域的温度分布规律基本一致。从图中可以看出喷口 3 的温度分布最均匀，喷口 4 燃烧室顶部的温度变化最剧烈。

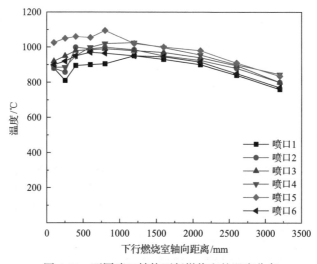

图 4-29　不同喷口结构下行燃烧室的温度分布

不同喷口结构下，预热燃料燃烧产生的 NO$_x$ 及 CO 排放浓度（氧气浓度为 6%）如图 4-30 所示。这六种喷口结构下，CO 的排放都低于 70mg/m^3，说明这六种喷口结构下，燃烧都比较充分，燃烧效率较高。其中喷口 3 的 NO$_x$ 排放最低，而喷口 4 的 NO$_x$ 排放最高，超

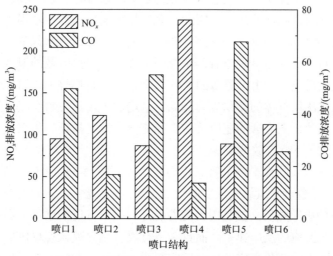

图 4-30　不同喷口结构下 NO$_x$ 及 CO 排放浓度

过 200mg/m³，是其他喷口条件下 NO_x 排放的两倍多。除喷口 4 外，其他五种喷口的 NO_x 排放都低于 120mg/m³。从燃烧室的温度分布可以得到，喷口 3 的结构有利于燃烧室内的二次风和预热燃料射流的掺混，掺混越均匀越有利于燃料氮在早期还原区中的释放以及向 N_2 的转化。

4.3.4 气氛的影响

图 4-31 为预热燃烧器内不同一次风氧气浓度时的 NO 排放。随着预热燃烧器中一次风氧气浓度的增加，预燃烧热器中燃料氮被还原为氮气的比例增加，尾部 NO 排放逐渐减少。该结果表明，在预热过程中增加一次风氧气浓度可减少 NO 排放，这为在过程实践中实现超低 NO_x 排放提供一个新解决方案。

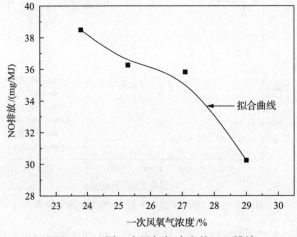

图 4-31　不同一次风氧气浓度的 NO 排放

O_2/CO_2 气氛下可以对下行燃烧室入口处的氧气浓度(二次风氧气浓度)进行调节，在氧气分级的同时进一步控制 NO_x 的生成。通过减少二氧化碳的量来实现氧气浓度的增加，从而将氧气流量保持在相同的水平。因此，氧气扩散速率增加，增强了氧气与焦炭反应的强度。图 4-32 为不同二次风氧气浓度下的 NO 排放。随着二次风氧气浓度增加，烟气中的 NO 浓度降低。造成这种现象有两个原因：首先，上部区域的温度升高增强了 CO_2 和焦炭之间的气化反应，产生了更多的 CO 并促进了下行燃烧室入口处的含氮气体的还原反应；其次，二次风气体的体积流率降低，这增加了预热燃料在喷入燃尽风之前区域中的停留时间。因此，氮元素的还原反应更加充分，并且被还原为氮气的含氮气体的量增加，该过程导致了 NO 排放的减少。

燃尽风的氧气浓度同样影响了氮氧化物的生成。图 4-33 为不同燃尽风氧气浓度下 NO 排放的变化。随着燃尽风氧气浓度的增加，NO 排放增加。该影响与二次风氧气浓度增加对 NO 排放的影响相反。这是因为随着燃尽风氧气浓度的增加，燃烧温度的升高提高了燃料氮的氧化反应的反应速率。而且在下行燃烧室内喷入燃尽风后该区域处于氧化气氛中，此时氮元素的氧化反应较还原反应起主导作用。此外，在增加燃尽风氧气浓度的过程中，烟气的体积流率减少，并且在燃尽风喷入之后燃料氮在区域内的停留时间也增加。燃料氮的氧化反应时间增加，反应更加充分，从而增加了 NO 的排放。

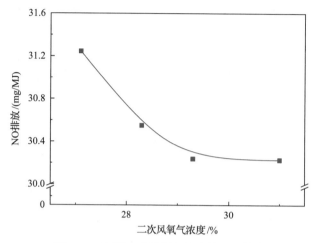

图 4-32　不同二次风氧气浓度的 NO 排放

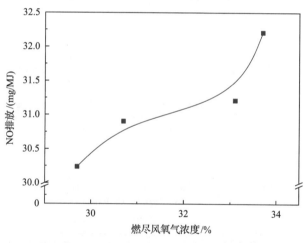

图 4-33　不同燃尽风氧气浓度的 NO 排放

烟气再循环是一种比较常见的低 NO$_x$ 燃烧技术，通过该手段，可以有效降低煤粉锅炉的燃烧温度，降低 NO$_x$ 的排放[72-74]。配合空气分离/富氧燃烧技术，则可同时实现 CO$_2$ 的捕集[75,76]，因而被广泛研究。本节通过在二次风中通入 CO$_2$ 来模拟烟气再循环，探索烟气再循环对预热燃料燃烧中 NO$_x$ 排放的影响。CO$_2$ 通入量对下行燃烧室轴向温度分布的影响见图 4-34。峰值温度点均在下行燃烧室 400mm 处，然后随着通入的 CO$_2$ 增多，燃烧温度下降。一方面，CO$_2$ 的通入使得内二次风中的 O$_2$ 浓度下降，导致燃烧速率下降，热释放速率也下降；另一方面，通入的 CO$_2$ 吸收了部分的燃烧热，从而导致燃烧温度下降。

不同 CO$_2$ 通入量时烟气各成分的浓度沿下行燃烧室轴向的分布见图 4-35。由图可知，

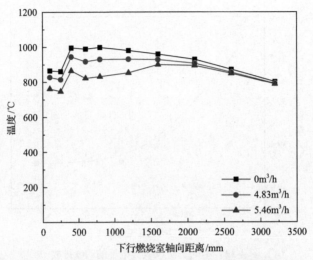

图 4-34　不同 CO_2 通入量时下行燃烧室轴向温度分布

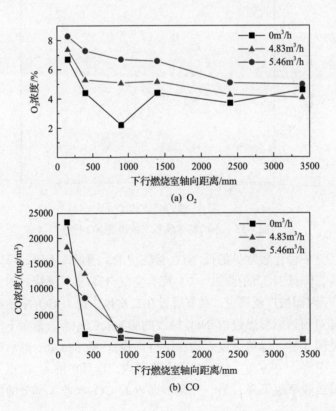

(a) O_2

(b) CO

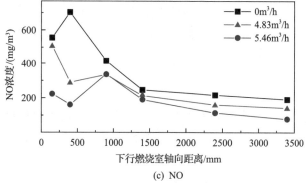

(c) NO

图 4-35　不同 CO_2 通入量时下行燃烧室沿程烟气中各组分浓度变化

通入 CO_2 的工况有着更高的氧气浓度分布，且氧气浓度的分布更均匀。当通入的 CO_2 增加时，内二次风中的氧气浓度降低，燃烧速率下降，O_2 的消耗速率也下降；另外，CO_2 吸热使得燃烧温度进一步下降，由此更降低了 O_2 的消耗速率。与此同时，CO 的消耗速率随着 CO_2 通入量的增多也迅速下降，其燃烧区域被扩大。这将有利于燃烧区域温度更加均匀，降低峰值温度，同时延长 NO 和 CO 的接触时间，有利于 NO 的降低。当不通入 CO_2 时，在预热燃料喷口出口附近生成的 NO 量最高，且峰值点在下行燃烧室 400mm 处。当增大 CO_2 通入量时，下行燃烧室 1400mm 以下区域 NO 还原率增大。

　　不同 CO_2 通入量时 NO_x 及 CO 排放浓度（氧气浓度为 6%）见图 4-36。由图可知，随着 CO_2 的通入量增加，NO_x 排放显著降低，CO 的排放则略有增加。在本试验中不通 CO_2 时，NO_x 排放浓度为 168.04mg/m³，当 CO_2 的通入量增加到 5.46m³/h 时，NO_x 排放浓度降低到 68.50mg/m³。可见再循环 CO_2 的加入有利于降低预热燃烧过程中的 NO_x 排放。试验过程中对尾部烟气中的飞灰进行了取样，并进行了燃烧效率计算，三个工况的燃烧效

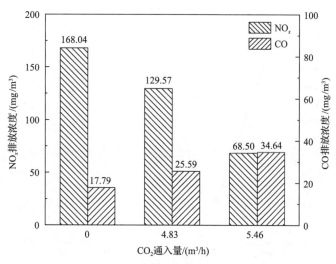

图 4-36　不同 CO_2 通入量时 NO_x 和 CO 排放浓度

率均高于 98%。张利琴等[76]研究发现烟气再循环时的燃料燃尽率下降 4.6%，但兰健等[77]认为合理的烟气循环量有助于改善燃烧，提高燃烧效率。本次试验发现，通入 CO_2 对预热燃料的燃烧效率有一定程度的影响，但并不明显。

4.3.5　煤种的影响

选取府谷烟煤、神木烟煤和阿右旗褐煤为燃料，研究煤种对预热燃烧中 NO_x 生成特性的影响。对下行燃烧室沿程气体进行在线测量，并处理分析可得，三个煤种的燃烧室沿程含氮气体和 CO 浓度分布如图 4-37 所示。由于神木烟煤在下行燃烧室顶部的 CO 排放最高，其所造成的还原性气氛最强，其次是府谷烟煤，阿右旗褐煤在燃烧室顶部的还原性气氛相对最低。三种煤中神木烟煤在燃烧室出口位置(距下行燃烧室顶部 2400mm)

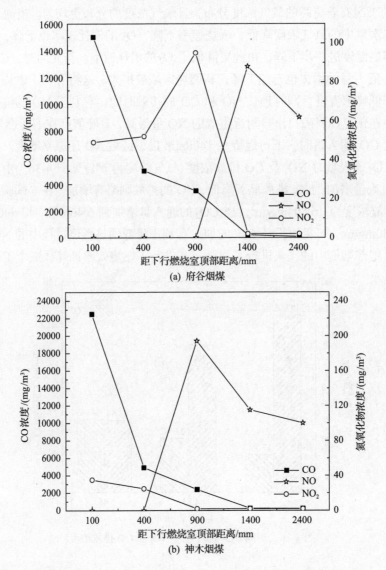

(a) 府谷烟煤

(b) 神木烟煤

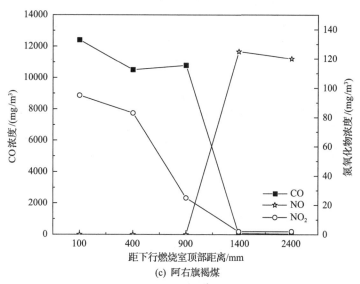

图 4-37 三种煤的沿程含氮气体和 CO 浓度分布对比图

氧气浓度为 6%

的 CO 生成量最大，随着与下行燃烧室顶部距离的增加，CO 的消耗也增加，至距离下行燃烧室顶部 900mm 处，燃尽风的加入使该位置的还原性气氛减弱，氧化性气氛增强，故在该位置处有 NO 的存在，其他两种煤在下行燃烧室顶部（距下行燃烧室顶部 100mm 处）的还原性气氛区域内其 NO 均被完全还原。而且神木烟煤在氧化性区域的 NO 排放高于府谷烟煤，府谷烟煤在氧化性区域的 NO 排放低于阿右旗褐煤。这主要是不同煤种采用预热燃烧的低氮路径不一所致，因此有必要研究不同煤种的预热燃烧特性，以便其能被更加高效和清洁地使用。

府谷烟煤的 NO$_2$ 排放规律不同于其他两种煤，其 NO$_2$ 排放最大值出现在距离下行燃烧室顶部 900mm 处，而当有燃尽风的加入时，NO$_2$ 排放迅速降低至很低的浓度，而其他两种煤的 NO$_2$ 排放在燃烧室的还原区随着距离的增加而降低，NO$_2$ 排放的最大值出现在距离下行燃烧室顶部 100mm 处。对于神木烟煤和阿右旗褐煤来说，其还原区内的 NO$_2$ 浓度与距离成反比主要是由于当 CO 浓度较高时，会抑制 NO$_2$ 的还原，当 CO 浓度降低时，其抑制作用减弱，故含量减少，当有燃尽风的加入后，燃烧室内的含氮物质更多地向 NO 和 N$_2$ 转换。而府谷烟煤出现不一样的规律可能是因为府谷烟煤在弱还原性气氛下更有利于向 NO$_2$ 转化，当燃尽风加入后，燃烧室内气氛由弱还原性气氛转变成氧化性气氛，从而使 NO$_2$ 迅速参与反应而被还原消耗。

三种煤在相同操作参数下的尾部烟气排放情况如图 4-38 所示。可以看出，阿右旗褐煤预热燃烧的尾部 NO$_x$ 排放最低，府谷烟煤次之，神木烟煤最高。这是由于阿右旗褐煤本身含氮量低，而且府谷烟煤在该条件下比神木烟煤更有利于其氮氧化物排放的降低，但府谷烟煤尾部的 CO 含量要比神木烟煤高，因此在试验过程中应该注意府谷烟煤的各参数优化，以实现更加高效和清洁的燃烧。

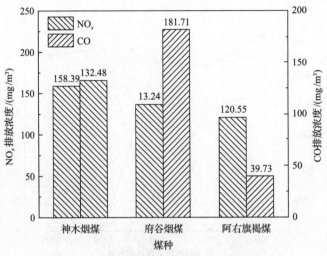

图 4-38 三个不同煤种的尾部烟气排放浓度分布

氧气浓度为 6%

4.4 超低 NO_x 燃烧控制方法

通过上述对预热过程和燃烧过程中燃料氮的析出和转化规律的研究，可以总结得到煤粉预热燃烧燃料氮的定向转化路线，如图 4-39 所示。对于空气中的 N_2，预热燃烧技术通过控制燃烧温度低于 1200℃，避免产生热力型 NO_x。对于煤中的氮，挥发分氮在预热过程中全部析出，并在还原性气氛下大部分转化为 N_2，少部分转化为 HCN 和 NH_3，在燃烧过程中通过还原区控制和掺混组织，在预热过程中产生的 HCN 和 NH_3 被还原成为 N_2；焦炭氮在预热过程中无法全部析出，剩余的焦炭氮遗留在固体预热燃料中，在燃烧过程中大部分焦炭氮通过异相还原反应转化为 N_2，少部分焦炭氮被氧化成为 NO_x。

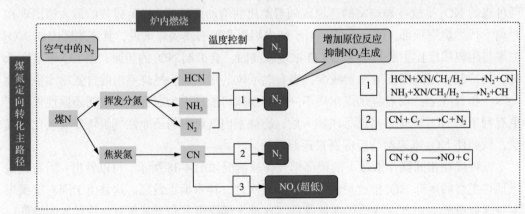

图 4-39 煤粉预热燃烧燃料氮的定向转化路线

XN 表示含氮化合物，CH_1 表示烃类化合物，CN 表示焦炭氮，C_f 表示碳的活性位点

根据预热燃烧过程燃料氮的析出和转化路径，为了实现预热燃烧的超低 NO_x 排放，

可以采取以下手段。

(1)尽可能地增加预热过程中燃料氮的析出比例并加强析出的燃料氮向 N$_2$ 的转化，根据 4.2 节的研究结果可知增加预热燃烧器的空气当量比和预热温度都有利于预热过程中燃料氮向 N$_2$ 的转化，因此在实际操作过程中可以选择较高的预热燃烧器空气当量比和预热温度。而实际过程中预热温度和预热燃烧器空气当量比是相对应的，因此可以单独以预热温度作为判定条件，为了实现较高的燃料氮向 N$_2$ 的转化，预热温度建议为 950℃。

(2)控制预热燃料的燃烧温度不超过 1200℃，煤粉经过预热后实现了活化，可以在较低的燃烧温度下实现高效燃烧，避免了热力型 NO$_x$ 的生成。

(3)设计合理的预热燃料喷口，对预热燃料和二次风的掺混进行组织，根据 4.3 节的研究结果可知强化高温预热燃料和二次风的提前掺混可以有效加强预热燃料中的含氮物质向 N$_2$ 的转化，并且进一步增加二次风的分级，也有利于降低 NO$_x$ 的生成。

(4)进行合理的炉内配风，一是选择合理的二次风当量比，加强还原区内的燃料氮向 N$_2$ 的转化，根据试验结果二次风当量比选择为 0.4 左右，对预热燃烧中 NO$_x$ 的减排最为有效；二是选择合理的燃尽风通入位置，使得燃烧过程最为均匀，整个燃烧区间氧气浓度低且氧气弥散在整个下行燃烧室内，燃料氮释放速率适中，实现 NO$_x$ 排放最低。

(5)可以采用烟气再循环的方式进一步降低 NO$_x$ 的生成，但前提是保证燃烧效率不降低。

为了验证以上手段的有效性，采用神木烟煤为燃料，将各运行参数调整到最佳值，尾部 NO$_x$ 排放和 CO 排放浓度随时间的变化如图 4-40 所示。其中 NO$_x$ 排放平均水平为 31mg/m^3（氧气浓度为 6%），燃烧效率为 99.9%，实现了高燃烧效率下的 NO$_x$ 超低排放。

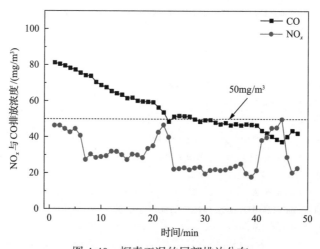

图 4-40　探索工况的尾部排放分布

参 考 文 献

[1] Burchill P, Welch L. Variation of nitrogen content and functionality with rank for some UK bituminous coals[J]. Fuel, 1989, 68: 100-104.

[2] Hindmarsh C, Wang W, Thomas K. Release of nitrogen during the combustion of macerals, microlithotypes and their chars[J]. Fuel, 1994, 73(7): 1229-1234.

[3] Varey J, Hindmarsh C, Thomas K. The detection of reactive intermediates in the combustion and pyrolysis of coals, chars and macerals[J]. Fuel, 1996, 75(2): 164-176.

[4] Buckley A, Kelly M, Nelson P, et al. Inorganic nitrogen in Australian semi-anthracites; implications for determining organic nitrogen functionality in bituminous coals by X-ray photoelectron spectroscopy[J]. Fuel Processing Technology, 1995, 43(1): 47-60.

[5] Gong B, Pigram P, Lamb R. Indentification of inorganic nitrogen in Australian bituminous coal using X-ray photoelectron spectroscopy (XPS) and time-of-flight secondary ion mass spectrometry (TOFSIMS)[J]. International Journal of Coal Geology, 1997, 34: 53-68.

[6] Daniels E, Altaner S. Inorganic nitrogen in anthracite from eastern Pennsylvania, USA[J]. International Journal of Coal Geology, 1993, 22(1): 21-35.

[7] Leppalahti J, Koljonen T. Nitrogen evolution from coal, peat and wood during gasification: Literature review[J]. Fuel Processing Technology,1995, 43(1): 1-45.

[8] Pels J, Kapteijn F, Moulijn J, et al. Evolution of nitrogen functionalities in carbonaceous materials during pyrolysis[J]. Carbon, 1995, 33(11): 1641-1653.

[9] Thomas K, Grant K, Tate K. Nitrogen-doped carbon-13 materials as models for the release of NO, and N_2O during coal char combustion[J]. Fuel, 1993, 72(7): 941-947.

[10] 刘银河. 煤中燃料氮的热变迁机理实验研究[D]. 西安: 西安交通大学, 2005.

[11] 刘艳华. 煤中氢/硫的赋存形态及其变迁规律研究[D]. 西安: 西安交通大学, 2002.

[12] 姚明宇. 燃煤挥发分与焦对氢氧化物排放的相对贡献及交互作用研究[D]. 西安: 西安交通大学, 2007.

[13] Cai J, Wu H, Ren Q, et al. Innovative NO_x reduction from cement kiln and pilot-scale experimental verification[J]. Fuel Processing Technology, 2020, 199(C): 106306.

[14] Friebel J, Kopsel R. The fate of nitrogen during pyrolysis of German low rank coals-a parameter study[J]. Fuel, 1999, 78: 923-932.

[15] Wójtowicz M, Pels J, Moulijn J. The fate of nitrogen functionalities in coal during pyrolysis and combustion[J]. Fuel, 1995, 74: 507-516.

[16] Gong B, Buckley A, Lamb R. XPS determination of the forms of nitrogen in coal pyrolysis chars[J]. Surface and Interface Analysis, 1999, 28: 126-130.

[17] Schmiers H, Friebel J, Streubel P, et al. Change of chemical bonding of nitrogen of polymeric N-heterocyclic compounds during pyrolysis[J]. Carbon, 1999, 37: 1965-1978.

[18] Buckley A, Kelly M, Nelson P, et al. Nitrogen functionality in coals and coal-tar pitch determined by X-ray photoelectron spectroscopy[J]. Fuel Processing Technology, 1994, 38(3): 165-179.

[19] Stanczyk K, Dziembaj R, Piwowarska Z, et al. Transformation of nitrogen structures in carbonization of model compounds determined by XPS[J]. Carbon, 1995, 33: 1383-1392.

[20] Knicker H, Hatcher P, Scaroni A. A solid-state 15N NMR spectroscopic investigation of the origin of nitrogen structures in coal[J]. International Journal of Coal Geology, 1996, 32(1-4): 255-278.

[21] Knicker H, Hatcher P, Scaroni A. Solid-state 15N NMR spectroscopy of coal[J]. Energy and Fuels, 1995, 9(6): 999-1002.

[22] Goel S, Zhang B, Sarofim A. NO and N_2O formation during char combustion: Is it HCN or surface attached nitrogen[J]. Combustion & Flame, 1996, 104: 213-217.

[23] Schafer S, Bonn B. Hydrolysis of HCN as an important step in nitrogen oxide formation in fluidized combustion. Part 1. Homogeneous reactions[J]. Fuel, 2000, 79: 1239-1246.

[24] Aho M, Hamalainen J, Tummavuori J. Importance of solid fuel properties to nitrogen oxide formation through HCN and NH_3 in small particle combustion[J]. Combustion & Flame, 1993, 95(1-2): 22-30.

[25] Amand L, Leckner B. Influence of fuel on the emission of nitrogen oxides (NO and N_2O) from an 8-MW fluidized bed boiler[J]. Combustion & Flame, 1991, 84: 181-196.

[26] 陈培榨, 邓勃. 现代仪器分析实验与技术[M]. 北京: 清华大学出版社, 1999.

[27] 王典芬. X-射线光电子能谱在非金属材料中的应用[M]. 武汉: 武汉工业大学出版社, 1994.

[28] Wallace S, Bartle K, Perry D. Quantification of nitrogen functional groups in coal and coal derived products[J]. Fuel, 1989, 68(11): 1450-1455.

[29] Mullins O, Kirtley M, van Elp J. Molecular structure of nitrogen in coal from XANES spectroscopy[J]. Applied Spectroscopy, 1993, 47(8): 1268-1275.

[30] Kirtley S, Mullins O, van Elp J. Nitrogen chemical structure in petroleum asphaltene and coal by X-ray absorption spectroscopy[J]. Fuel, 1993, 72(1): 133-135.

[31] Glarborg P, Jensen A, Johnsson J. Fuel nitrogen conversion in solid fuel fired systems[J]. Progress in Energy & Combustion Science, 2003, 29(2): 89-113.

[32] Zhu Q, Money S, Russell A, et al. Determination of the fate of nitrogen functionality in carbonaceous materials during pyrolysis and combustion using X-ray absorption near edge structure spectroscopy[J]. Langmuir, 1997, 13(7): 2149-2157.

[33] Lahaye J, Nanse G, Fioux P, et al. Chemical transformation during the carbonisation in air and the pyrolysis under argon of a vinylpyridine-divinylbenzene copolymer by X-ray photoelectron spectroscopy[J]. Applied Surface Science, 1999, 147(2): 153-174.

[34] 刘艳华, 车得福, 李荫堂, 等. X 射线光电子能谱确定铜川煤及焦中氮的形态[J]. 西安交通大学学报, 2001, 35(7): 661-665.

[35] Kambara S, Takarada T, Toyoshima M, et al. Relation between functional forms of coal nitrogen and NO, emissions from pulverized coal combustion[J]. Fuel, 1995, 74(9): 1247-1253.

[36] Kelemen S, Gorbaty M, Kwiatek P. Quantification of nitrogen forms in Argonne premium coals[J]. Energy & Fuels, 1994, 8(4): 896-906.

[37] Kapteijn F, Moulijn J, Matzner S, et al. The development of nitrogen functionality in model chars during gasification in CO_2 and O_2[J]. Carbon, 1999, 37: 1143-1150.

[38] Thomas K. The release of nitrogen oxides during char combustion[J]. Fuel, 1997, 76(6): 457-473.

[39] Chang L, Xie Z, Xie K, et al. Formation of NO_x precursors during the pyrolysis of coal and biomass. Part Ⅵ. Effects of gas atmosphere on the formation of NH_3 and HCN[J]. Fuel, 2003, 82: 1159-1166.

[40] Li C, Li L. Formation of NO_x and SO_x precursors during the pyrolysis of coal and biomass. Part Ⅲ. Further discussion on the formation of HCN and NH_3 during pyrolysis[J]. Fuel, 2000, 79: 1899-1906.

[41] Xie Z, Feng J, Zhao W. Formation of NO_x and SO_x precursors during the pyrolysis of coal and biomass. Part Ⅳ. Pyrolysis of a set of Australian and Chinese coals[J]. Fuel, 2001, 80: 2131-2138.

[42] Wu K, Chang Y, Chen C, et al. High-efficiency combustion of natural gas with 21-30% oxygen-enriched air[J]. Fuel, 2010, 89(9): 2455-2462.

[43] Buhre B, Elliott L, Sheng C, et al. Oxy-fuel combustion technology for coal-fired power generation[J]. Progress in Energy & Combustion Science, 2005, 31(4): 283-307.

[44] Rathnam R, Elliott L, Wall T, et al. Differences in reactivity of pulverised coal in air (O_2/N_2) and oxy-fuel (O_2/CO_2) conditions[J]. Fuel Processing Technology, 2009, 90(6): 797-802.

[45] Liu H, Okazaki K. Simultaneous easy CO_2 recovery and drastic reduction of SO_x and NO_x in O_2/CO_2 coal combustion with heat recirculation[J]. Fuel, 2003, 82(11): 1427-1436.

[46] Tan Y, Croiset E, Douglas M, et al. Combustion characteristics of coal in a mixture of oxygen and recycled flue gas[J]. Fuel, 2006, 85(4): 507-512.

[47] Wang X, Ren Q, Li W, et al. Nitrogenous gas emissions from coal/biomass co-combustion under a high oxygen concentration in a circulating fluidized bed[J]. Energy & Fuels, 2017, 31(3): 3234-3242.

[48] Baker R. Future directions of membrane gas separation technology[J]. Industrial & Engineering Chemistry Research, 2002, 41(6): 1393-1411.

[49] Hashim S, Mohamed A, Bhatia S. Oxygen separation from air using ceramic-based membrane technology for sustainable fuel production and power generation[J]. Renewable and Sustainable Energy Reviews, 2011, 15(2): 1284-1293.

[50] 段伦博, 周骛, 屈成锐, 等. 50 kW 循环流化床 O_2/CO_2 气氛下煤燃烧及污染物排放特性[J]. 中国电机工程学报, 2011, 31(5): 7-12.

[51] 李英杰, 赵长遂, 段伦博. O_2/CO_2 气氛下煤燃烧产物的热力学分析[J]. 热能动力工程, 2007(3): 332-335.

[52] Ullah H, Chen B, Shahab A, et al. Influence of hydrothermal treatment on selenium emission-reduction and transformation from low-ranked coal[J]. Journal of Cleaner Production, 2020, 267: 122070.

[53] Tang L, Chen S, Gui D, et al. Effect of removal organic sulfur from coal macromolecular on the properties of high organic sulfur coal[J]. Fuel, 2020, 259: 116264.

[54] Nelson P, Kelly M, Wornat M. Conversion of fuel nitrogen in coal volatiles to NO_x precursors under rapid heating conditions[J]. Fuel, 1991, 70(3): 403-407.

[55] Miller J, Bowman C. Mechanism and modeling of nitrogen chemistry in combustion[J]. Progress in Energy & Combustion Science, 1990, 15(4): 287-338.

[56] Han X, Wei X, Schnell U, et al. Detailed modeling of hybrid reburn/SNCR processes for NO_x reduction in coal-fired furnaces[J]. Combustion & Flame, 2003, 132(3): 374-386.

[57] Chae J, Chun Y. Effect of two-stage combustion on NO_x emissions in pulverized coal combustion[J]. Fuel, 1991, 70(6): 703-707.

[58] Coda B, Kluger F, Förtsch D, et al. Coal-nitrogen release and NO_x evolution in air-staged combustion[J]. Energy & Fuels, 1998, 12(6): 1322-1327.

[59] Förtsch D, Kluger F, Schnell U, et al. A kinetic model for the prediction of no emissions from staged combustion of pulverized coal[J]. Symposium on Combustion, 1998, 27(2): 3037-3044.

[60] Backreedy R, Jones J, Ma L, et al. Prediction of unburned carbon and NO_x in a tangentially fired power station using single coals and blends[J]. Fuel, 2005, 84(17): 2196-2203.

[61] Staiger B, Unterberger S, Berger R, et al. Development of an air staging technology to reduce NO_x emissions in grate fired boilers[J]. Energy, 2005, 30(8): 1429-1438.

[62] Costa M, Azevedo J. Experimental characterization of an industrial pulverized coal-fired furnace under deep staging conditions[J]. Combustion Science & Technology, 2007, 179(9): 1923-1935.

[63] Ribeirete A, Costa M. Detailed measurements in a pulverized-coal-fired large-scale laboratory furnace with air staging[J]. Fuel, 2009, 88(1): 40-45.

[64] Fan W, Lin Z, Kuang J, et al. Impact of air staging along furnace height on NO_x emissions from pulverized coal combustion[J]. Fuel Processing Technology, 2010, 91(6): 625-634.

[65] Spliethoff H, Greul U, Rüdiger H, et al. Basic effects on NO_x emissions in air staging and reburning at a bench-scale test facility[J]. Fuel, 1996, 75(5): 560-564.

[66] Yang J, Sun R, Sun S, et al. Experimental study on NO_x reduction from staging combustion of high volatile pulverized coals. Part 1. Air staging[J]. Fuel Processing Technology, 2014, 126(5): 266-275.

[67] Chambrion P, Kyotani T, Tomita A. C-NO reaction in the presence of O_2[J]. Symposium on Combustion, 1998, 27(2): 3053-3059.

[68] Illan-gomez M, Lecea S, Linares-solano A, et al. Potassium-containing coal chars as catalysts for NO_x reduction in the presence of oxygen[J]. Energy & Fuels, 1998, 12(6): 1256-1264.

[69] Ribeirete A, Costa M. Impact of the air staging on the performance of a pulverized coal fired furnace[J]. Proceedings of the Combustion Institute, 2009, 32(2): 2667-2673.

[70] 王顶辉, 王晓天, 郭永红, 等. 燃尽风喷口位置对 NO_x 排放的影响[J]. 动力工程学报, 2012, 32(7): 523-527.

[71] 吕太, 赵世泽. 燃尽风位置高度对 NO_x 生成的影响[J]. 环境工程学报, 2016, 10(5): 2541-2546.

[72] 祁涛, 陈乐业. 低氮燃烧器+烟气再循环技术在烟气脱硝的应用[C]//第十四届宁夏青年科学家论坛石化专题论坛, 银川, 2018.

[73] 杨博. 链条锅炉烟气再循环降低 NO 排放的数值模拟[D]. 保定: 华北电力大学, 2008.

[74] 郭佳明, 张光学, 池作和, 等. 75t/h 循环流化床锅炉烟气再循环改造及试验研究[J]. 热能动力工程, 2017, 32(11): 73-77.

[75] 董静兰, 阎维平, 马凯. 不同烟气再循环方式下富氧燃煤锅炉的经济性分析[J]. 动力工程学报, 2012, 32(3): 177-181.

[76] 张利琴, 宋蔷, 吴宁, 等. 煤烟气再循环富氧燃烧污染物排放特性研究[J]. 中国电机工程学报, 2009, 29(29): 35-40.

[77] 兰健, 吕田, 金永星. 烟气再循环技术研究现状及发展趋势[J]. 节能, 2015, 34: 4, 6-11.

第5章

预热燃烧技术工业应用

革新传统的煤粉直接入炉燃烧方式，预热燃烧采用煤粉先高温预热改性、预热燃料再入炉燃烧的技术路线，突破着火、稳燃瓶颈，达到高效燃烧和低 NO_x 排放的相互协同。预热燃烧技术在工业锅炉、电站锅炉和工业窑炉等领域具有广阔的应用前景，预热燃烧技术工业应用对推动煤炭高效清洁燃烧技术的发展和行业技术进步具有重大意义。

5.1 预热燃烧技术

基于煤粉预热燃烧基本原理的煤粉预热燃烧技术主要包括：煤粉流态化预热技术、高温预热燃料喷口技术和燃烧室低 NO_x 配风技术等关键技术，具体分述如下。

5.1.1 煤粉流态化预热技术

煤粉在基于流态化原理的预热燃烧器中通过强还原性条件下高碳循环的自身部分燃烧和气化反应实现高温预热，并在预热过程中完成燃料改性活化和挥发分氮/焦炭氮向氮气的定向转化。煤粉流态化预热技术的关键部件为预热燃烧器，预热燃烧器能够高效地将煤粉通过流态化预热改性转化为高温焦炭半焦和高温煤气的气固预热燃料，有助于燃料高效燃烧和超低 NO_x 原始排放。预热燃烧器类型按照内部是否有换热面分为绝热预热燃烧器和水冷预热燃烧器，按照旋风分离器布置位置分为旋风分离器外置式预热燃烧器和旋风分离器内置式预热燃烧器。

旋风分离器外置式 2MW 预热燃烧器如图 5-1 所示，由提升管、旋风分离器和返料器等关键部件组成。

以神木半焦为燃料，分析 2MW 预热燃烧器预热燃烧特性，神木半焦燃料特性如表 5-1 所示。

预热燃烧器温度随时间的变化如图 5-2 所示，预热燃烧器运行平稳，温度随时间变化较小，预热燃烧器的工作温度常保持在 900～950℃范围内，这样有助于提高预热改性强度，促进预热过程中的物质析出和转化，提高预热中煤氮向氮气的转化速率，有利于预热燃料燃烧的 NO_x 排放控制。预热燃烧器内不同测点温差几乎可以忽略不计，说明预热燃烧器内温度均匀，预热燃烧器内的物料循环良好，体现了流态化预热的优势。

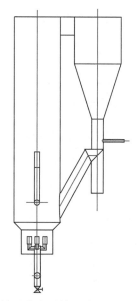

图 5-1 旋风分离器外置式 2MW 预热燃烧器

表 5-1 神木半焦燃料特性

元素分析（质量分数）/%					工业分析（质量分数）/%				热值 $Q_{net,ar}$/(MJ/kg)
C_{ar}	H_{ar}	O_{ar}	N_{ar}	S_{ar}	M_{ar}	FC_{ar}	V_{ar}	A_{ar}	
76.68	1.38	5.73	0.78	0.34	3.86	74.21	10.70	11.23	26.64

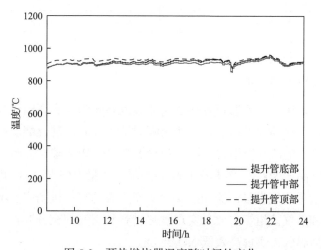

图 5-2 预热燃烧器温度随时间的变化

2MW 预热燃烧器稳定运行在 900℃时，在预热燃烧器出口处对预热后的煤气和固体燃料进行取样，并进行成分分析。预热过程中产生的煤气成分见表 5-2。煤气热值为 2.93MJ/m³，煤气主要可燃气为 H_2、CO 和 CH_4。预热产生的煤气成分与 2.3 节的煤气成分基本相同，可见预热燃烧器容量放大后依然可以保证其改性效果。

表 5-2 预热过程中产生的煤气成分

煤气成分	N_2/%	H_2/%	CO/%	CH_4/%	CO_2/%	O_2/%
数值	64.32	6.65	12.47	1.31	15.25	0

对预热后的燃料进行工业分析和元素分析，结果如表 5-3 所示。

表 5-3 预热燃料工业分析和元素分析

工业分析(质量分数)/%				元素分析(质量分数)/%					热值 $Q_{net,ar}$/(MJ/kg)
M_{ar}	FC_{ar}	V_{ar}	A_{ar}	C_{ar}	H_{ar}	O_{ar}	N_{ar}	S_{ar}	
0.48	80.14	2.16	17.22	80.41	0.86	0.00	0.76	0.50	26.9

预热过程中各组分的转化率如表 5-4 所示。预热过程中 86.6%的挥发分释放，燃料氮的转化率达到 53%，C 元素的转化率达到 45.5%，可见预热过程中挥发分中的氮基本全部释放，燃料中剩余的氮主要以焦炭氮的形式进入燃烧室中进行燃烧。

表 5-4 预热过程中各组分的转化率

组分	转化率/%
C	45.5
H	63.5
O	100
N	53
S	27
挥发分	86.6

5.1.2 高温预热燃料喷口技术

在预热燃烧技术中，煤粉通过预热燃烧器改性转化为含有高温焦炭和高温煤气的预热燃料，预热燃料经过喷口即高温预热燃料喷口喷入炉膛实现燃烧。高温预热燃料喷口组织预热燃料和空气的流动及混合，影响预热燃料的燃烧和排放特性。

预热燃料温度高于 800℃，预热燃料喷入炉膛与适量空气混合后，可直接着火升温，这与常规的炉内依靠烟气卷吸回流加热煤粉实现点燃的着火机制完全不同。高温预热燃料喷口的燃料流和空气流组织主要是实现预热燃料和空气的充分混合，并控制局部富氧浓度，消除炉内高温区，实现高效低 NO_x 燃烧。

高温预热燃料喷口结构包括截面均匀供风喷口、同轴射流喷口和交叉射流喷口等多种类型。

截面均匀供风喷口结构见图 5-3，炉膛底部全截面布置出风口，炉膛喷口附近基本不存在烟气回流区，预热燃料与炉膛全截面供风逐步混合燃烧，消除了炉内局部高温区，减缓了炉膛结焦倾向，同时抑制了热力型 NO_x 的生成。截面供风构件可采用风管、风帽等多种类型，预热燃料喷口可布置在炉膛底部，形成预热底置燃烧方式。

同轴射流喷口是指预热燃料通道和空气(二次风)通道的轴线相同，同轴射流喷口的结构见图5-4。二次风可分为内二次风和外二次风，二次风通道内可设置轴向或径向旋流叶片，且旋流强度可以调节。不同于一般的同轴射流喷口，预热燃料同轴射流喷口设计时不考虑炉内回流区的形状和大小。内二次风和外二次风主要用于控制预热燃料与空气的混合时间和反应速率，适于锅炉低负荷或超低负荷下的稳定安全燃烧。高负荷下，需要合理控制二次风流量和喷射速度，防止预热燃料喷口附近温度较高而导致喷口烧蚀。同轴射流喷口中也可布置中心风，中心风、内二次风和外二次风组合调节，包括调节混合比例、旋流强度、预混或扩散燃烧强度等，控制预热燃料燃烧火焰尺度和空间位置。

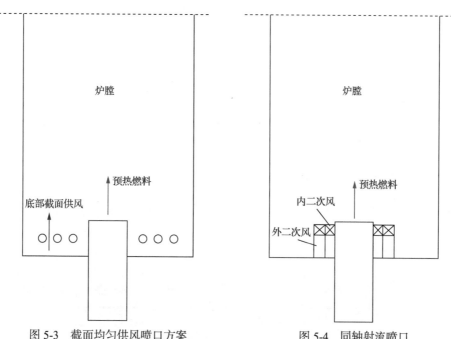

图 5-3　截面均匀供风喷口方案　　　　图 5-4　同轴射流喷口

交叉射流喷口是指预热燃料和空气交叉喷射，预热燃料充分弥散，其结构见图5-5。预热燃烧器布置炉膛底部时，预热燃料并不沿炉膛轴向方向纵向向上喷射，而是沿横向方向水平喷出，在炉膛底部空间预热燃料和空气充分混合，炉膛全空间内充满预热燃料，有利于实现预热燃料的均匀高效燃烧，2MW煤粉预热燃烧中试装置采用交叉射流喷口，其煤粉燃烧效率可高于99%。预热燃烧器布置炉膛前后墙或侧墙时，预热燃料横向水平喷射，炉底全截面供风向上喷射，形成交叉射流。

5.1.3　燃烧室低 NO_x 配风技术

燃烧室配风主要包括喷口二次风和炉膛沿程燃尽风，不同的配风比例以及配风位置对于预热燃料的燃烧和 NO_x 排放具有重要影响。

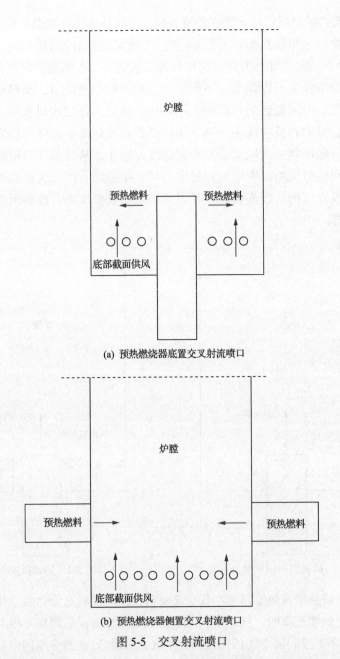

(a) 预热燃烧器底置交叉射流喷口

(b) 预热燃烧器侧置交叉射流喷口

图 5-5　交叉射流喷口

　　喷口二次风当量比对于火焰结构形态、火焰传播距离及火焰温度等基本参数非常关键。在预热燃料同轴射流喷口的条件下，二次风当量比在 0.2～0.8 范围时，二次风当量比对预热燃料燃烧 NO_x、CO、O_2 排放的影响变化如图 5-6 所示，随着二次风当量比降低，炉膛底部区域发生均相还原反应和非均相还原反应：

$$NO + aC \longrightarrow 0.5N_2 + (2a-1)CO + (1-a)CO_2 \tag{5-1}$$

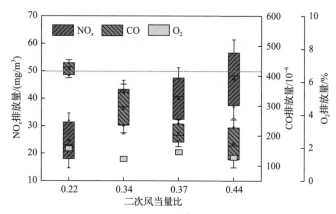

图 5-6 二次风当量比对预热燃料燃烧 NO_x、CO、O_2 排放的影响

燃料碳原子逐渐与氧原子、氮原子发生反应形成 C—O 和 C—N 基团，而—CN 基团化学吸附逐渐断裂并通过扩散效应和化学反应形成 N_2，其化学反应路径如下：

$$—C+NO \longrightarrow —C—O+—N \tag{5-2}$$

$$—C+NO \longrightarrow —CN+—O \tag{5-3}$$

$$2(—CN) \longrightarrow N_2+2(—C) \tag{5-4}$$

灰分的矿物质如 Ca、Fe 等可加速 CO、H_2 对 NO 的还原反应，反应路径如下：

$$2NO + 2CO \longrightarrow N_2 + 2CO_2 \tag{5-5}$$

$$2NO + 2H_2 \longrightarrow N_2 + 2H_2O \tag{5-6}$$

当二次风当量比为 0.44 时，预热燃料燃烧 NO_x 排放量为 49.6mg/m³，CO 排放低于 200×10^{-6}，实现了高效燃烧和超低 NO_x 原始排放。

二次风当量比对预热燃料燃烧火焰温度分布的影响特性如图 5-7 所示，随着二次风当量比增大，最高燃烧火焰温度逐渐从 1180℃增加至 1302℃，这主要由于二次风增大时炉膛主燃烧区的燃烧份额和燃烧强度增大。

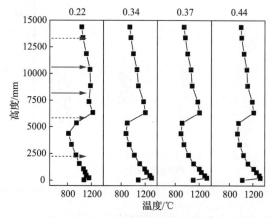

图 5-7 二次风当量比对预热燃料燃烧火焰温度分布的影响

沿着竖直炉膛高度方向共设置五层燃尽风，从炉膛底置喷口向上分别为1~5层燃尽风，五层燃尽风入口距离喷口端面的高度分别为2452mm（第1层燃尽风）、5324mm（第2层燃尽风）、8019mm（第3层燃尽风）、10758mm（第4层燃尽风）和13189mm（第5层燃尽风）。图5-8为典型的不同燃尽风通入位置对炉膛温度分布的影响，结果表明：随着开启燃尽风层数的增加，炉膛燃烧温度呈现更加均匀的分布，炉内燃烧温差更小，趋于空间均匀燃烧方式。

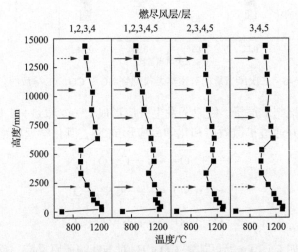

图5-8　不同燃尽风通入位置对炉膛温度分布的影响

图5-9显示了不同的燃尽风通入位置对NO_x、CO、O_2排放的影响特性，燃尽风从3、4、5层进入炉膛时生成的氮氧化物浓度更低。随着燃尽风布置高度的增加，炉底CO的生成量增加，高温改性燃料还原反应时间变长。同时，在预热燃料燃烧中，更多的含氮物质如HCN、NH_i和焦炭氮等在炉膛底部区域通过还原反应发生向N_2的转化，从而进一步降低了NO_x排放水平。

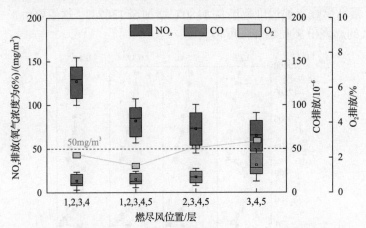

图5-9　不同燃尽风通入位置对NO_x、CO、O_2排放的影响

燃尽风对炉内预热燃料燃烧的最高火焰温度及其位置的影响如图5-10所示。燃尽风

位置从 1、2、3、4 层改变为 3、4、5 层通入时,炉内燃烧区的最高火焰温度对应位置从 210mm 逐渐升高至 462mm 处。随着燃尽风通入位置沿竖直炉膛向下游移动,预热燃料燃烧火焰也相应后移。

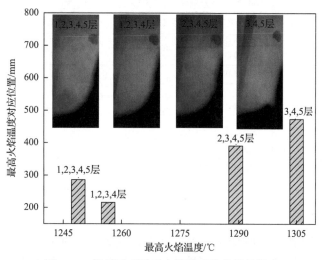

图 5-10 燃尽风对最高火焰温度及位置的影响

5.2 预热燃烧工业锅炉

本书利用研发的预热燃烧技术,设计开发了煤粉、半焦和气化飞灰预热燃烧锅炉。煤粉预热燃烧锅炉涵盖煤粉预热底置燃烧锅炉和煤粉预热对冲燃烧锅炉两种炉型,煤粉预热底置燃烧锅炉容量等级为 40t/h,煤粉预热对冲燃烧锅炉容量等级为 60t/h 和 90t/h。煤粉预热燃烧锅炉的成功示范,对推动燃煤锅炉的发展和技术进步具有重要意义。

针对超低挥发分燃料半焦,本书采用预热燃烧技术,开发了纯燃超低挥发分燃料的预热燃烧锅炉,锅炉容量等级为 35t/h[1]。半焦是煤热解提质的副产物,中国年产半焦量为 3000 多万 t,由于半焦挥发分含量低,存在着火、稳燃困难的技术问题,国内外仅能通过掺烧方式实现半焦处置[2],且掺烧比一般低于 40%。35t/h 纯燃超低挥发分半焦预热燃烧锅炉的成功示范,为半焦的高效清洁燃烧提供了关键装备和技术示范,促进煤炭分质分级技术路线发展,提升了煤炭的综合利用效率。

针对循环流化床煤气化飞灰,采用预热燃烧技术,开发了 100t/d 气化飞灰预热燃烧锅炉[3]。循环流化床气化炉在工业燃气煤气炉中的占比超过 70%,是生产煤气的主要装备。因循环流化床煤气化属于温和气化方式,循环流化床煤气化过程中产生的气化飞灰量约占总给煤量的 20%,气化飞灰的合理高效利用成为影响循环流化床煤气化技术发展的重要因素。100t/d 气化飞灰预热燃烧锅炉的成功示范,为气化飞灰的高效、资源化利用提供了技术,提升了煤炭综合利用效率。

综合以上内容,中国科学院工程热物理研究所已经开发并应用了煤粉、半焦和气化飞灰等不同特征燃料的预热燃烧锅炉，完成了预热燃烧锅炉工程示范和应用，必将推动高效煤粉工业锅炉的发展和进步。已投运预热燃烧工业锅炉清单见表 5-5。

表 5-5　已投运预热燃烧工业锅炉清单

燃料种类	容量等级	蒸汽参数	蒸汽用途	预热燃烧器布置方式	地点
煤粉	40t/h	3.82MPa 450℃	热电	底置	山东济宁
	60t/h	3.82MPa 450℃	供热	对冲	山东临沂
	90t/h	3.82MPa 450℃	供热	对冲	山东东营
半焦	35t/h	1.6MPa 250℃	供热	底置	陕西咸阳
气化飞灰	100t/d	3.82MPa 250℃	供热	底置	广西河池

5.2.1　煤粉预热燃烧锅炉

本书设计开发并建设了 40t/h 煤粉预热底置燃烧锅炉、60t/h 煤粉预热对冲燃烧锅炉和 90t/h 煤粉预热对冲燃烧锅炉，开展了性能试验，实现了宽负荷范围内的高效燃烧和超低 NO_x 原始排放，完成了煤粉预热燃烧技术的工业验证，促进了预热燃烧技术的产业化应用。

1. 40t/h 煤粉预热底置燃烧锅炉

1）设计参数

锅炉额定蒸汽流量设计为 40t/h，蒸汽压力为 3.82MPa，蒸汽温度为 450℃，设计煤质的分析见表 5-6，干燥无灰基挥发分含量为 38.19%，灰分含量为 13.57%，低位热值为 26.92MJ/kg。设计煤粉粒径为 0~120μm，d_{50} 为 30μm，d_{90} 为 90μm。锅炉设计参数见表 5-7。

表 5-6　锅炉设计煤质分析

工业分析(质量分数)/%				元素分析(质量分数)/%					低位热值/(MJ/kg)
M_{ar}	V_{daf}	A_{ar}	FC_{ar}	C_{ar}	H_{ar}	O_{ar}	N_{ar}	S_{ar}	
3.09	38.19	13.57	50.34	66.57	4.86	10.53	0.86	0.52	26.92

注：下标 ar 表示收到基；daf 表示干燥无灰基。

表 5-7　锅炉设计参数（40t/h 煤粉预热底置燃烧锅炉）

参数	数值
额定蒸汽流量/(t/h)	40
蒸汽压力/MPa	3.82
蒸汽温度/℃	450
给水温度/℃	120
冷空气温度/℃	30
预热室温度/℃	850
燃烧室温度/℃	1100

续表

参数	数值
排烟温度/℃	140
气体不完全燃烧损失/%	0.46
固体不完全燃烧损失/%	2.40
散热损失/%	1.20
总热损失/%	9.18
热效率/%	90.82
保热系数	0.98
锅炉有效利用热量/MW	31.5
计算燃料消耗量/(kg/h)	4621
出口烟气量/(m³/h)	40510
烟气中水蒸气含量/%	7.11
燃烧所需总风量/(m³/h)	39043
灰渣总流量/(kg/h)	642

预热燃烧器设计热功率为 35MW，数量 1 只，绝热形式，高度为 5500mm，布置在锅炉底部。炉膛截面尺寸为 4000mm×4000mm，炉膛底部设置了全截面二次风，炉膛 14300mm 和 18300mm 标高处设置了两层燃尽风，炉膛高度为 15310mm。

炉膛截面热负荷设计为 1.96MW/m²，容积热负荷为 160kW/m³。

40t/h 煤粉预热底置燃烧锅炉见图 5-11。

2) 工艺流程

锅炉的工艺流程如图 5-12 所示，主要包括煤粉储供系统、烟风系统、水系统、点火燃烧系统和尾部烟气处理系统。煤粉储供系统包括煤粉储备系统和煤粉输送系统[4]。

煤粉储存在 2 个 100m³ 的煤粉仓中，煤粉仓设置惰性气体安全保护装置。供粉时煤粉通过给粉机落入送粉管，由送粉风携带送入预热燃烧器。为了确保锅炉的稳定运行，储仓和输送系统均设置两套，起到一用一备的作用。

煤粉在预热燃烧器中与一次风、送粉风混合后实现流态化高温预热反应，形成高温煤气和焦炭混合的预热燃料。预热燃料从预热燃烧器流出后经过一段连接段进入炉膛，由于预热燃料温度高于 800℃，因此预热燃烧器和连接段均采用耐火保温材料制成，控制外表面温度<60℃，预热过程热损失小。

预热燃料从炉膛底部进入炉膛，预热燃料喷口内部设置旋流叶片，强化预热燃料旋转，二次风和燃尽风均经过空气预热器预热，预热后的二次风从炉膛底部配入，与预热燃料混合进行燃烧；燃尽风分两层在炉膛 4000mm、8000mm 两个高度位置水平送入炉内，用于实现煤粉燃尽。燃烧产生的高温烟气经余热回收及废气处理系统后由引风机送至烟囱。再循环烟气从袋式除尘器后面抽出，在必要时送入炉底，与二次风混合进入炉膛，以调节燃烧温度和 NO_x 排放。

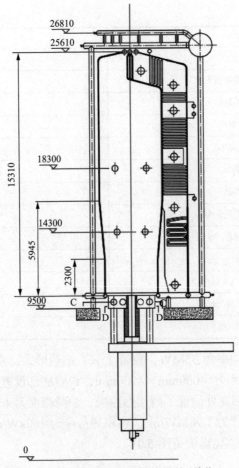

图 5-11　40t/h 煤粉预热底置燃烧锅炉(单位：mm)

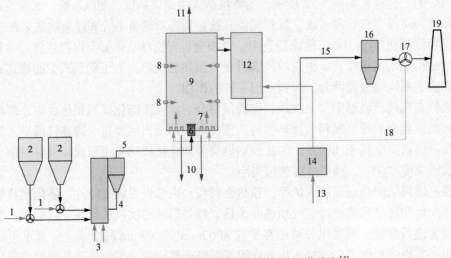

图 5-12　40t/h 煤粉预热底置燃烧锅炉工艺流程[4]

1. 送粉风；2. 煤粉仓；3. 一次风；4. 预热燃烧器；5. 预热燃料；6. 燃料喷口；7. 二次风；8. 燃尽风；9. 炉膛；10. 灰渣；
11. 主蒸汽；12. 尾部烟道；13. 给水；14. 除氧器；15. 尾部烟气；16. 烟气净化；17. 除尘器；18. 再循环烟气；19. 烟囱

建设的 35MW 预热燃烧器和预热燃烧锅炉外貌见图 5-13 和图 5-14。

图 5-13　35MW 预热燃烧器

图 5-14　预热燃烧锅炉

3) 数值模拟

(1) 数学模型。锅炉内的燃烧是一个复杂的物理化学反应体系，包含以下过程：气固相湍流流动及质量交换；颗粒运动与涡耗散；湍流燃烧；煤脱水、挥发分析出及焦炭燃烧；气相、颗粒相及壁面之间的对流换热、辐射换热等。

为了较准确地描述炉内燃烧及污染物生成过程，本节拟采用计算流体动力学（computational fluid dynamics, CFD）方法系统地分析炉内的燃烧过程。

燃煤锅炉炉内的气相流动为三维湍流流动，其平均流近似为稳态流[5]，可采用基于平均时间尺度的欧拉输运方程描述，标准的 $k\text{-}\varepsilon$ 模型模拟炉内气相的湍流流动如下：

$$\frac{\partial}{\partial x}(\rho u\phi)+\frac{\partial}{\partial y}(\rho v\phi)+\frac{\partial}{\partial z}(\rho w\phi)=\frac{\partial}{\partial x}\left(\Gamma_\phi\frac{\partial\phi}{\partial x}\right)+\frac{\partial}{\partial y}\left(\Gamma_\phi\frac{\partial\phi}{\partial y}\right)+\frac{\partial}{\partial z}\left(\Gamma_\phi\frac{\partial\phi}{\partial z}\right)+S_\phi+S_{\mathrm{p}\phi} \quad (5\text{-}7)$$

式中，ϕ 为气相的所有变量；u 为速度水平分量；v 为速度垂直分量；w 为速度纵向分量；ρ 为流体质量密度；Γ_ϕ 为输运方程转换系数；S_ϕ 为气体源相；$S_{\mathrm{p}\phi}$ 为颗粒源相。

欧拉输运方程源相、扩散系数及常数如表 5-8 所示。μ_{eff} 为有效黏性系数，可通过湍流黏性系数和层流黏性系数计算得出。p 为静压；ε 为湍动能耗散速率；σ_k、σ_ε 分别为 k 方程、ε 方程的湍流普朗特数；k 为导热系数；C_1、C_2 为常数；E 为总能；G_k 为由层流速度梯度而产生的湍流动能。

表 5-8　各守恒方程源相、扩散系数及常数[6,7]

方程	Γ_ϕ	S_ϕ	$S_{\mathrm{p}\phi}$
连续性方程	0	0	$-\mathrm{d}m_\mathrm{p}/\mathrm{d}t$
动量方程	μ_{eff}	$-\dfrac{\partial p}{\partial x}+\dfrac{\partial}{\partial x}\left(\mu_{\mathrm{eff}}\dfrac{\partial u}{\partial x}\right)+\dfrac{\partial}{\partial y}\left(\mu_{\mathrm{eff}}\dfrac{\partial v}{\partial x}\right)+\dfrac{\partial}{\partial z}\left(\mu_{\mathrm{eff}}\dfrac{\partial w}{\partial x}\right)$	$-\mathrm{d}(m_\mathrm{p}u_\mathrm{p})/\mathrm{d}t$
	μ_{eff}	$-\dfrac{\partial p}{\partial y}+\dfrac{\partial}{\partial x}\left(\mu_{\mathrm{eff}}\dfrac{\partial u}{\partial y}\right)+\dfrac{\partial}{\partial y}\left(\mu_{\mathrm{eff}}\dfrac{\partial v}{\partial y}\right)+\dfrac{\partial}{\partial z}\left(\mu_{\mathrm{eff}}\dfrac{\partial w}{\partial y}\right)$	$-\mathrm{d}(m_\mathrm{p}v_\mathrm{p})/\mathrm{d}t$

方程	Γ_ϕ	S_ϕ	$S_{p\phi}$
动量方程	μ_{eff}	$-\dfrac{\partial p}{\partial z}+\dfrac{\partial}{\partial x}\left(\mu_{\text{eff}}\dfrac{\partial u}{\partial z}\right)+\dfrac{\partial}{\partial y}\left(\mu_{\text{eff}}\dfrac{\partial v}{\partial z}\right)+\dfrac{\partial}{\partial z}\left(\mu_{\text{eff}}\dfrac{\partial w}{\partial z}\right)+a_g\left(\rho_0-\rho\right)$ a_g 为重力加速度；ρ_0 为初始密度	$-\mathrm{d}\left(m_p w_p\right)/\mathrm{d}t$
湍流动能	$\mu_{\text{eff}}/\sigma_k$	$G_k-\rho\varepsilon$	0
湍动能耗散率	$\mu_{\text{eff}}/\sigma_\varepsilon$	$\rho C_1 E\varepsilon-\rho C_2\varepsilon^2\left/\left(k+\sqrt{\dfrac{\mu\varepsilon}{\rho}}\right)\right.$	0
湍流动能产生项		$G_k=\mu_{\text{eff}}\left\{2\left[\left(\dfrac{\partial u}{\partial x}\right)^2+\left(\dfrac{\partial v}{\partial y}\right)^2+\left(\dfrac{\partial w}{\partial z}\right)^2\right]+\left(\dfrac{\partial u}{\partial y}+\dfrac{\partial v}{\partial x}\right)^2+\left(\dfrac{\partial v}{\partial z}+\dfrac{\partial w}{\partial y}\right)^2+\left(\dfrac{\partial u}{\partial z}+\dfrac{\partial w}{\partial x}\right)^2\right\}$ $\mu_{\text{eff}}=\mu_t+\mu$，$\mu_t=C_\mu\rho k^2/\varepsilon$，$C_\mu=0.09$	

煤粉燃烧中的颗粒相通常使用拉格朗日方法描述，颗粒轨迹沿气相连续迹线运动，通过计算颗粒相和连续的气相之间的动量、质量和能量交换，确定颗粒相的运动。假设颗粒由原煤、煤焦、灰分和水组成，模型包括了煤脱挥发分过程和煤焦燃烧过程。其中使用两步反应机理模拟煤的脱挥发分过程。

燃烧时，煤焦与扩散至颗粒表面的各种氧化成分发生异相反应。假设煤燃烧反应为一阶反应且活化能固定，煤颗粒相将与气相的输运方程有很大的不同。颗粒质量守恒方程如下：

$$\frac{\mathrm{d}m_p}{\mathrm{d}t}=-r_p \tag{5-8}$$

式中，m_p 为颗粒质量；r_p 为颗粒源相。

考虑阻力、重力及湍流脉动等因素，煤颗粒相的运动方程可描述为

$$m_p\frac{\mathrm{d}v_{ip}}{\mathrm{d}t}=C_d\rho_g\left(\frac{A_p}{2}\right)\left(v_g-v_p\right)\left|v_g-v_p\right|+m_p g_k \tag{5-9}$$

式中，v_{ip} 为颗粒速度变量；C_d 为曳力系数；ρ_g 为流体密度；A_p 为颗粒有效横截面积；v_g 为流体速度；v_p 为颗粒速度；g_k 为重力加速度。

颗粒能量守恒方程为

$$m_p\frac{\mathrm{d}h_p}{\mathrm{d}t}=Q_c+Q_r+r_w L_w+r_v\Delta h_v+r_h Q_h \tag{5-10}$$

式中，Q_c 为颗粒受到的热传导的能量；Q_r 为颗粒受到的热辐射的能量；$r_w L_w$ 为颗粒受到的机械功；$r_v\Delta h_v$ 为颗粒受到的对流换热量；$r_h Q_h$ 为颗粒的化学反应热。式(5-10)的物理含义为颗粒内部能量的变化率等于颗粒受到的热源和热辐射的热量、机械功和化学

反应热的总和。

由于工业炉膛实际燃烧过程中温度较高，不管燃料如何改变，炉膛壁面和火焰中心间的辐射传热都占所有传热的 90% 以上。炉内辐射传热的基本方程为

$$\frac{\mathrm{d}I}{\mathrm{d}t} = -(K_a + K_p + K_s)I + \frac{\sigma}{\pi}(K_a T^4 + K_p T_p^4) + \frac{K_s}{4\pi}\int_0^{4\pi} I \mathrm{d}\Omega \tag{5-11}$$

式中，I 为沿 Ω 方向上的辐射强度；K_a 为气体吸收系数，$K_a = 0.28\exp(-T/1135)$；K_p 为颗粒的吸收系数，取为 0.3；K_s 为颗粒散射系数，取为 0.13；σ 为辐射率；T_p 为颗粒温度；T 为气体温度。

目前常用的辐射模型主要有球谐波法 P1 辐射模型和离散坐标(DO)辐射模型，本次计算采用 P1 辐射模型。

煤燃烧过程中生成的氮氧化物分为热力型 NO_x、快速型 NO_x 以及燃料型 NO_x 三种，燃煤锅炉中的 NO_x 主要为热力型与燃料型[8]。热力型 NO_x 主要是由 Zeldpvoch 机理描述加入参考文献，其生成量与温度、氧浓度及颗粒停留时间相关。

由式(5-12)～式(5-14)三个反应方程式可得到热力型 NO_x 的生成速率：

$$N_2 + O \longleftrightarrow NO + N \tag{5-12}$$

$$O_2 + N \longleftrightarrow NO + O \tag{5-13}$$

$$OH + N \longleftrightarrow NO + H \tag{5-14}$$

$$\frac{\mathrm{d}[NO]}{\mathrm{d}t} = k_1[O][N_2] + k_2[N][O_2] + k_3[N][OH] - k_{-1}[NO][N] - k_{-2}[NO][O] - k_{-3}[NO][H]$$

$$\tag{5-15}$$

式中，k_1、k_2、k_3 与 k_{-1}、k_{-2}、k_{-3} 分别为式(5-12)～式(5-14)的正逆反应速率常数。

燃料型 NO_x 主要是由煤中自带的氮元素经过氧化和热解脱链生成的，其在煤燃烧过程中占比较大，使用 de Soete 机理[6]描述，如图 5-15 所示。de Soete 机理认为煤中氮元素分布于挥发分和煤焦中。挥发分中的氮元素首先转变成 HCN 和 NH_3，这两种形态遇氧气会被氧化成 NO，遇到 NO 时又均会被还原成 N_2。而焦炭中的氮元素在还原性气氛下将生成 N_2，在氧化性气氛下直接转化成 NO。

本次计算引入化学渗透脱挥发分(chemical percolation devolatilization, CPD)模型。CPD 模型主要用于预测煤中的氮元素在挥发分和焦炭中所占的比例，其氮的迁移途径如图 5-16 所示。CPD 模型将煤中氮的释放简化为：①煤热解时，包含 N 的焦油分子簇离开煤颗粒，生成焦油 N；②在温度为 1000K 以上以及自由基的存在条件下，煤焦中的含 N 官能团快速反应，生成快速气相 N；③在温度为 1600K 以上时，更稳固的含 N 官能团分子键开始断裂，释放出慢速气相 N。

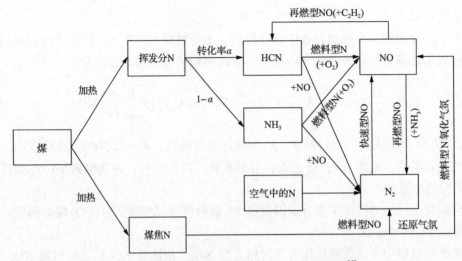

图 5-15 燃料型 NO_x 生成的 de Soete 简单机理[6]

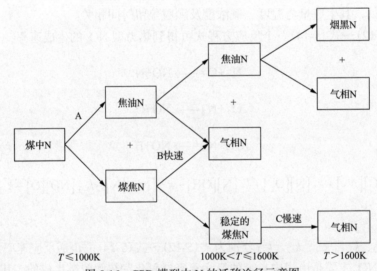

图 5-16 CPD 模型中 N 的迁移途径示意图

本次计算首先使用 CPD 模型计算煤中 N 在挥发分和焦炭中所占的比例，同时得到氮元素在热解过程中的迁移规律，然后将 CPD 模型计算获得的参数更新至 CFD 程序中，以提高氮氧化物生成后处理计算的准确性。

预热燃料有一部分可燃的煤气成分，因此需要定义再燃模型。再燃反应中，主要是 CH 基与 NO 发生如式(5-16)所示的还原反应。本计算采用部分平衡方法计算 CH 基浓度，将混合燃料等效为 CH_3。采用后处理的方法来计算 NO 生成，并使用 Beta-PDF（概率密度函数）模型计算湍流温度/氧量脉动对 NO 生成的影响[7]。

$$CH_i + NO \longrightarrow HCN + products(O,OH,H_2O) \tag{5-16}$$

式中，products 表示产物。

(2)计算网格。本次计算依据锅炉的实际尺寸及喷口形状等建立实体模型,采用全六面体网格分区划分网格方法实现高质量的网格划分,在炉膛区域尤其是燃烧器出口区域进行网格加密处理,以得到主燃区更加丰富的计算信息。为减小伪扩散误差,建立了网格线与近燃烧器区流动方向一致的网格系统。为了获得更精确的结果,有必要在变量变化非常剧烈的区域对网格进行细化,如燃烧器喷嘴周围区域。改变燃烧器区域网格,进行网格无关试验,总网格数为89万个。

气体和颗粒之间的相互作用采用活塞法进行计算,速度和压力的耦合采用简单压力修正算法进行计算,直到满足预先指定的残差(能量和辐射设置为 1×10^{-6},其他方程设置为 1×10^{-4})。

锅炉整体网格见图5-17,预热燃料喷口局部网格见图5-18。

(3)计算条件。本计算模拟对象为40t/h煤粉预热底置燃烧锅炉,预热燃料为预热器出口的高温煤气与高温煤焦,依据预热燃烧试验研究和测试数据,高温煤焦的工业分析和元素分析见表5-9,高温煤气的组分见表5-10。

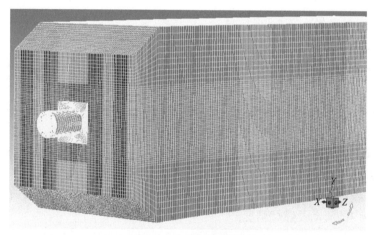

图 5-17 锅炉整体网格

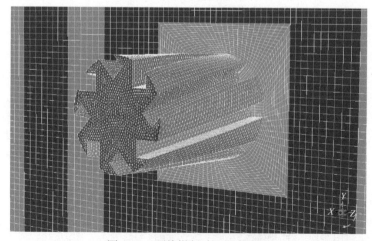

图 5-18 预热燃料喷口局部网格

表 5-9　高温煤焦的工业分析和元素分析

项目	数值
C_{ar}/%	54.64
H_{ar}/%	0.40
O_{ar}/%	1.50
N_{ar}/%	0.91
S_{ar}/%	1.05
M_{ar}/%	1.50
A_{ar}/%	40.00
Q_{ar}/(MJ/kg)	18.82

表 5-10　高温煤气组分　　　　　　　　　　（单位：%）

组分	数值
CO	8.50
CO_2	13.50
H_2	5.80
CH_4	6.50
N_2	65.70
合计	100

(4)模型验证。为了验证所建立的网格和所采用的模型的准确性，将计算平均温度与锅炉现场试验热电偶实测温度进行了比较，如图 5-19 所示，误差分布如图 5-20 所示。沿炉膛高度方向的计算平均温度与热电偶实测温度吻合较好，最大误差在 12%以下，这些数据为数值模拟提供了有效的验证，表明本计算所采用的网格和模型适用于研究双燃料燃烧锅炉炉内的流动及燃烧情况。

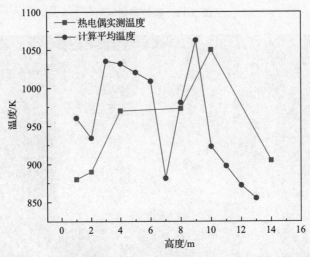

图 5-19　沿炉膛高度方向计算平均温度与热电偶实测温度比较

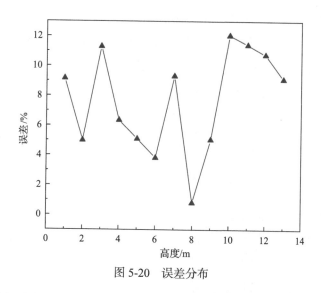

图 5-20 误差分布

(5)模拟结果与分析。预热燃料燃烧的炉膛中心截面温度场、速度场、O_2 浓度场和 CO_2 浓度场分布见图 5-21。高温煤焦及高温煤气经由齿缝的导流作用,具有了一定的切向速度,在进入炉膛后向炉膛四周扩散,与二次风混合燃烧,并且降低了主燃料沿炉膛高度方向的动量,从而导致火焰中心下移,提高了炉膛底部区域的平均温度,有利于燃料的稳燃、燃尽及氮氧化物排放的降低。

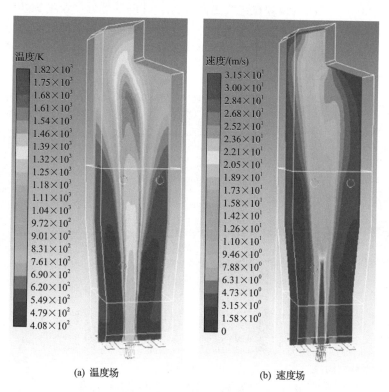

(a) 温度场 (b) 速度场

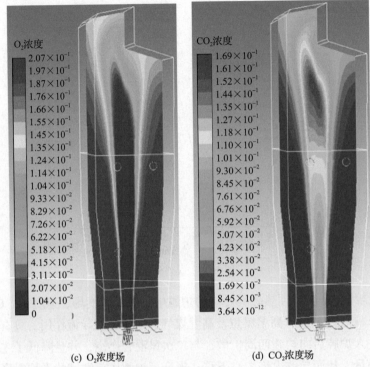

(c) O_2浓度场　　　　　　(d) CO_2浓度场

图 5-21　炉膛中心截面的温度场、速度场、O_2浓度场及 CO_2浓度场

　　预热燃料气体、二次风和颗粒迹线见图 5-22，外围的部分气流呈旋转的流动，切向进入炉膛，固相颗粒轨迹图显示在主气流方向上，部分固相颗粒冲入了外层二次风内，提前与二次风混合，从而降低了火焰中心及火焰长度，有利于提高下部炉膛区域的平均温度，降低 NO_x 原始排放。

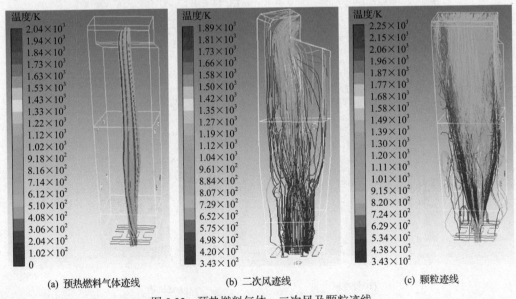

(a) 预热燃料气体迹线　　　　(b) 二次风迹线　　　　(c) 颗粒迹线

图 5-22　预热燃料气体、二次风及颗粒迹线

炉膛高度 z=2000mm、4000mm 和 8000mm 不同截面的温度分布见图 5-23，可见，炉膛内左右两侧火焰温度对称性较好。

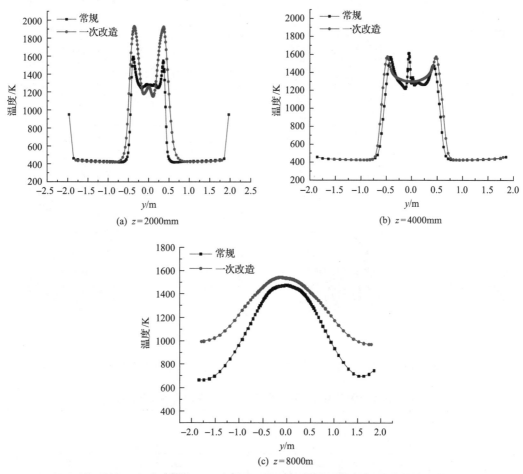

(a) z=2000mm

(b) z=4000mm

(c) z=8000m

图 5-23 炉膛高度 2000mm、4000mm 和 8000mm 截面温度分布

NO 计算结果如图 5-24 和图 5-25 所示，结合图 5-18 可知，预热燃料喷口增加旋齿结构，部分预热燃料沿轨迹提前与二次风混合，一定程度上强化了炉膛下部区域的燃烧，炉膛下部区域高温预热燃料与二次风的接触面上生成了 NO，当预热燃料在炉膛中部区域充分发展后，一部分燃料进入了炉膛壁面附近的氧化性气氛中，导致中部炉膛区域的 NO 生成量呈指数增加。在上部炉膛区域，由于预热燃料的还原性气氛区域的扩大，在炉膛中部区域生成的 NO 被快速还原，炉膛出口的 NO 生成量计算结果为 92mg/m³。

4）试验研究

（1）试验煤种。试验煤种为神木烟煤，试验煤种的工业分析和元素分析见表 5-11。

（2）35MW 预热燃烧器运行分析。40t/h 煤粉预热底置燃烧锅炉的燃烧器为循环流化床结构的预热燃烧器。送粉风携带煤粉进入预热燃烧器，一次风提供床料和燃料的流化

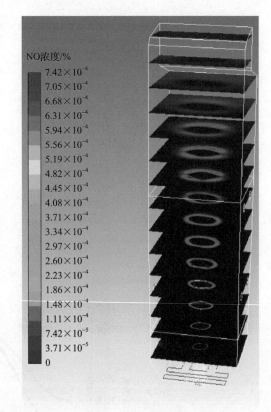

图 5-24　NO 分布截面云图　　　　　　图 5-25　NO 生成浓度水平截面分布变化

表 5-11　试验煤种工业分析和元素分析(40t/h 煤粉预热底置燃烧锅炉)

工业分析(质量分数)/%				元素分析(质量分数)/%					$Q_{net,ar}$/(MJ/kg)
M_{ar}	V_{daf}	A_{ar}	FC_{ar}	C_{ar}	H_{ar}	O_{ar}	N_{ar}	S_{ar}	
5.40	33.73	7.75	55.72	68.36	3.93	13.45	0.91	0.20	26.85

注: 下标 ar 表示收到基, daf 表示干燥无灰基。

所需的空气, 送粉风和一次风共同提供了预热燃烧器内煤粉化学反应所需的氧气, 二者总的空气当量比不高于 0.2。在最初升温引燃过程完成后, 煤粉可以稳定地实现自持预热。预热燃烧器中设置 4 个 K 型热电偶, 分别位于预热燃烧器提升管的底部、中部和上部以及 U 形返料器内。在 168h 运行过程中, 锅炉在 90%以上负荷运行, 4 个点测得的温度曲线如图 5-26 所示, 可以看出, 在运行过程中, 4 个点温度相近且曲线平滑, 说明预热燃烧器运行稳定、温度均匀, 反映出循环流化床内物料循环良好。

(3)炉膛运行分析。锅炉炉膛中沿高度方向布置了 9 个温度测点, 168h 运行过程中(90%负荷), 测得炉膛内沿高度方向的温度分布如图 5-27 所示。从图中可以看出, 炉膛最高温度未超过 1200℃。传统煤粉锅炉主燃烧区的火焰中心温度一般超过了 1400℃, 较高的燃烧温度是为了促进煤粉燃尽, 但也容易促进热力型 NO_x 的生成。该锅炉较传统煤粉锅炉内的温度明显偏低, 主要原因是该锅炉的炉膛采取了较为均匀的配风方式，较低的炉膛温度基本杜绝了热力型 NO_x 的生成。168h 内烟气平均氧含量为 3.68%，CO 平均浓度为 117mg/m³，验证了本锅炉均匀的炉膛布风方式能够实现锅炉的稳定运行。

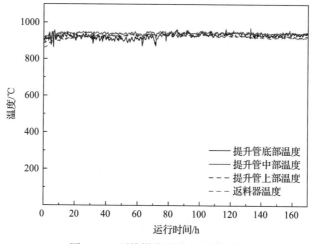

图 5-26　预热燃烧器内的温度变化

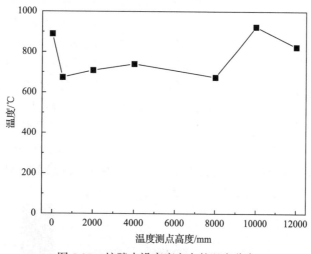

图 5-27　炉膛内沿高度方向的温度分布

(4) NO_x 原始排放试验。本部分探讨了二次风当量比、内外二次风配比、燃尽风配入位置、锅炉负荷等因素对 NO_x 原始排放的影响。

图 5-28 所示的是不同二次风当量比条件下的 NO_x 原始排放情况，各工况均是在 60% 负荷、预热空气当量比为 0.2、只开启上层燃尽风(炉膛 8000mm)的条件下进行的。从图中可以看出 NO_x 原始排放随二次风当量比的变化并非单调的，图中所示各工况下排放最低的点在二次风当量比为 0.41 处，可以推测 NO_x 原始排放最低的二次风当量比区间在 0.35～0.5。

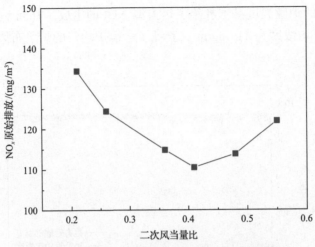

图 5-28　不同二次风当量比下的 NO$_x$ 原始排放

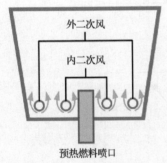

图 5-29　二次风配风形式

本锅炉的二次风配风形式与传统煤粉燃烧器不同，如图 5-29 所示，预热燃料喷口位于炉膛底部中心，将预热燃料从下向上喷入炉膛，二次风在喷口四周由四根风管均匀配入炉膛，其中靠近预热燃料喷口的两根风管出风为内二次风，远离喷口的为外二次风，内外二次风均可以单独调节和控制风量。

图 5-30 所示的是不同内外二次风配比下的 NO$_x$ 原始排放情况，各工况均是在 60%负荷、预热空气当量比约为 0.2、二次风当量比约为 0.4、燃尽风开启上下两层的条件下进行的。从图中可以看出，外二次风比例越高，NO$_x$ 原始排放越高，即内二次风较外二次风更有利于降低 NO$_x$ 原始排放。这是由于喷口区域的总空气当量比在 0.6～0.7，属于还原性气氛，但如果预热燃料和二次风掺混不佳，

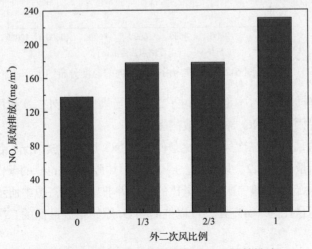

图 5-30　不同内外二次风配比的 NO$_x$ 原始排放

依然可能出现局部氧化区，不利于抑制 NO_x 生成，而内二次风距离喷口较近，有利于燃料与二次风的掺混，外二次风距离预热燃料喷口过远，无法及时掺混，掺混不均匀容易形成局部氧化区，促进 NO_x 的生成。

本锅炉的燃尽风分两层配入，分别在喷口以上 4000mm 和 8000mm 高度的位置，燃尽风配入位置的变化将改变炉内还原区的高度，对 NO_x 的生成也有一定影响。本部分分别开展了两个不同燃尽风配入位置工况的对比研究，工况 1 的燃尽风在 4000mm 和 8000mm 配入，工况 2 的燃尽风只在 8000mm 配入，两者的 NO_x 原始排放分别为 178 mg/m³ 和 90 mg/m³。这说明当燃尽风延迟配入炉膛时，在炉膛内造成了更大区域的还原区，更加有利于降低 NO_x 原始排放。

图 5-31 所示的是 3 种不同锅炉负荷下的 NO_x 原始排放。可以看出，NO_x 原始排放随锅炉负荷的提高而逐渐升高。

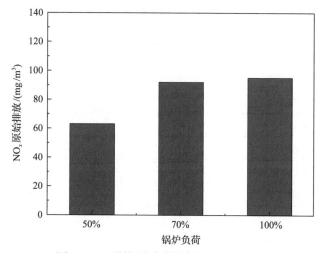

图 5-31　不同锅炉负荷下的 NO_x 原始排放

100%负荷下，NO_x 原始排放为 95mg/m³，低于 100mg/m³。与常规煤粉工业锅炉 NO_x 排放为 200～500mg/m³ 水平相比，40t/h 煤粉预热底置燃烧锅炉明显降低了 NO_x 原始排放。

NO_x 与锅炉热效率尤其是 CO 的浓度有较为紧密的联系，三个不同负荷工况的锅炉热效率和排放如表 5-12 所示。可以看出，三个工况的锅炉热效率都在 92%以上，CO 浓度在 350mg/m³ 以下，NO_x 原始排放浓度<100mg/m³ 的结果是在较高的锅炉热效率和较低的 CO 浓度下获得的。

表 5-12　锅炉热效率和排放

项目	工况 1	工况 2	工况 3
运行负荷/%	50	70	100
锅炉热效率/%	92.19	92.46	93.08
CO 浓度/(mg/m³)	288	191	201
NO_x 原始排放/(mg/m³)	63	92	95

2. 60t/h 煤粉预热对冲燃烧锅炉

随着锅炉容量的放大，预热燃烧器与炉膛耦合方案更加灵活，40t/h 煤粉预热燃烧锅炉采用了预热燃烧器底置，60t/h 煤粉预热燃烧锅炉采用预热燃烧器侧墙对冲布置，通过该炉型工程示范，可支撑预热燃烧工业锅炉容量等级放大和电站锅炉示范应用。

1) 设计参数

锅炉额定蒸汽流量设计为 60t/h，蒸汽压力为 3.82MPa，蒸汽温度为 450℃，设计煤质的分析见表 5-6。60t/h 煤粉预热对冲燃烧锅炉生产的蒸汽主要为园区食品、建材和涂料企业生产用汽。锅炉设计参数见表 5-13。

表 5-13　锅炉设计参数（60t/h 煤粉预热对冲燃烧锅炉）

参数	数值
额定蒸汽流量/(t/h)	60
蒸汽压力/MPa	3.82
蒸汽温度/℃	450
给水温度/℃	105
冷空气温度/℃	30
预热室温度/℃	850
燃烧室温度/℃	1100
排烟温度/℃	150
气体不完全燃烧损失/%	0.05
固体不完全燃烧损失/%	0.68
散热损失/%	1.0
总热损失/%	7.68
热效率/%	92.32
保热系数	0.98
锅炉有效利用热量/MW	48.3
计算燃料消耗量/(kg/h)	7656
出口烟气量/(m³/h)	65397
烟气中水蒸气含量/%	6.45
燃烧所需总风量/(m³/h)	61498
灰渣总流量/(kg/h)	979

预热燃烧器设计热功率共为 52MW，数量为 2 只，单只预热燃烧器热功率为 26MW，2 只预热燃烧器侧墙对冲布置，预热燃烧器为绝热形式。

锅炉为膜式水冷壁、角管锅炉形式，锅筒直径 Φ=1500mm，壁厚 S=36mm，直段长度为 11000mm，材质采用 Q345R，锅筒重量完全依靠两侧水冷壁和四根 Φ426mm 的大直径集中下降管支撑，锅筒与水冷壁同步热膨胀。整台锅炉全部采用膜式水冷壁结构，膜式水冷壁由 Φ60mm 的钢管和宽 20mm 厚 6mm 的扁钢焊接组成。

炉膛为方形截面，炉膛总高 20500mm，炉膛下部截面尺寸为 4640mm×2320mm，炉膛上部截面尺寸为 4640mm×4640mm。

炉膛底部通过二次风管均布二次风，炉底全截面的二次风与预热燃料混合后发生燃烧反应。

炉膛采用分级配风方式，炉膛中上部设置两层燃尽风喷口，燃尽风 1 层距离炉膛底部高度为 6500mm，燃尽风 2 层距离炉膛底部高度为 12500mm，燃尽风通过前后墙的 4 个燃尽风管通入炉内，燃尽风管对冲布置，燃尽风管规格为 Φ373mm。

锅炉总图见图 5-32。

2）工艺流程

60t/h 煤粉预热对冲燃烧锅炉工艺流程主要包括烟风系统、煤粉储供系统、煤粉预热燃烧系统、余热回收系统、烟气净化系统、给水系统、点火燃烧系统和自动控制系统等，工艺流程见图 5-33。

给粉系统包括 2 个煤粉仓，单粉仓容积为 150m³，煤粉经煤粉仓下部 2 台叶轮给粉器分别由气力输送至锅炉炉膛两侧墙下部对冲布置的 2 台预热燃烧器。预热燃烧器为自热式循环流化床形式，包括提升管、分离器和返料器等关键部件，预热后的燃料经喷口对冲喷入炉膛，炉膛底部全截面均布二次风管，炉底二次风与预热燃料均匀混合，避免局部高温，炉膛设置两层燃尽风，实现空间分级燃烧。炉膛底部取消了常规锅炉的冷灰斗、水封槽和捞渣机，结构简化，环境友好。预热燃料燃烧的高温烟气从炉膛出口依次流经过热器、旗式受热面、SCR 脱硝反应器和省煤器后，进入布袋除尘器，经引风机引至脱硫塔净化后排至烟囱。

预热燃烧锅炉采用液化气点火，配置 2 台液化气点火器，分别设置在两台预热燃烧器的底部，单预热燃烧器冷态启动点火消耗的液化气量为 80~120m³，热态压火 48h 内可直接不投液化气启动。

与 40t/h 煤粉预热底置燃烧锅炉的主要区别在于，60t/h 煤粉预热对冲燃烧锅炉为两个预热燃烧器侧墙对冲，锅炉尾部未设置空气预热器。

建设的 60t/h 煤粉预热对冲燃烧锅炉见图 5-34，单侧 26MW 预热燃烧器喷口见图 5-35，锅炉底部见图 5-36。

3）数值模拟

本部分采用 40t/h 煤粉预热底置燃烧锅炉的数学模型，开展 60t/h 煤粉预热对冲燃烧锅炉的数值模拟，分析预热燃烧锅炉的速度场、温度场和污染物排放。

（1）计算网格。依据锅炉的实际尺寸及喷口形状等建立模型，采用六面体结构化网格分区划分网格方法实现高质量的网格划分，在炉膛区域尤其是燃烧器出口区域进行网格加密处理，以得到主燃区更加丰富的计算信息。网格总数为 16 万个，炉膛网格、二次风喷口网格及燃尽风喷口网格如图 5-37 所示。

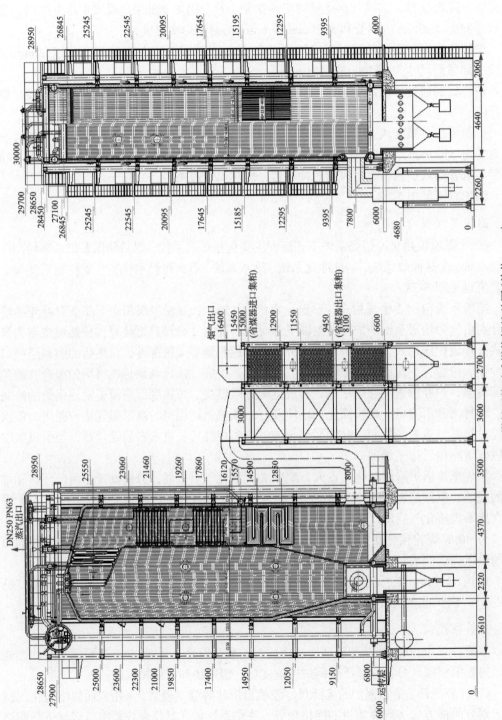

图 5-32　60t/h煤粉预热对冲燃烧锅炉总图（单位：mm）

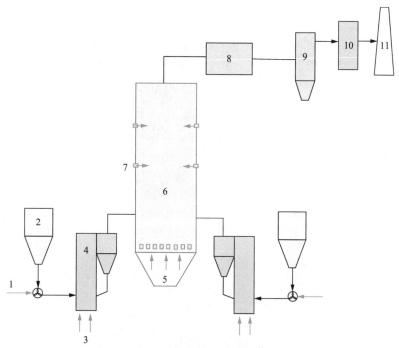

图 5-33　60t/h 煤粉预热对冲燃烧锅炉工艺流程

1. 送粉风；2. 煤粉仓；3. 一次风；4. 预热燃烧器；5. 二次风；6. 炉膛；7. 燃尽风；
8. 尾部烟道；9. 布袋除尘器；10. 脱硫塔；11. 烟囱

图 5-34　60t/h 煤粉预热对冲燃烧锅炉外貌

图 5-35　单侧 26MW 预热燃烧器喷口

图 5-36　锅炉底部

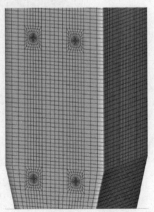

(a) 炉膛网格　　　　　(b) 二次风喷口网格　　　　　(c) 燃尽风喷口网格

图 5-37　计算网格

(2)计算工况。开展 3 个工况的计算，锅炉负荷分别为 100%负荷、70%负荷及 50%负荷，各工况配风及风温等计算边界条件如表 5-14 所示。

表 5-14　计算工况

项目名称	工况 1	工况 2	工况 3
负荷/%	100	70	50
蒸汽量/(t/h)	60	42	30
给煤量/(kg/h)	7668	5367	3834
煤焦量/(kg/h)	2257	1580	1128
煤气量/(m³/h)	9385	6569	4692
预热燃料喷口数/个	2	2	2
预热温度/℃	850	850	850
预热燃料风速/(m/s)	19.0	13.3	9.5
二次风风量/(m³/h)	51000	35700	25500
二次风风速/(m/s)	1.32	0.93	0.66
燃尽风风量/(m³/h)	42600	29820	21300
燃尽风风速/(m/s)	13.5	9.5	6.7

(3)计算结果与分析。100%负荷、70%负荷及 50%负荷工况炉膛中心截面的温度分布图如图 5-38 所示，速度分布图如图 5-39 所示。温度为 1100K 的高温预热燃料由左右侧墙的喷口进入炉膛，二次风由炉膛底部进入炉膛。由图 5-38 和图 5-39 可知，不同负荷工况下的温度及速度均呈现出对称的"人字形"分布，预热燃料进入炉膛即着火，着

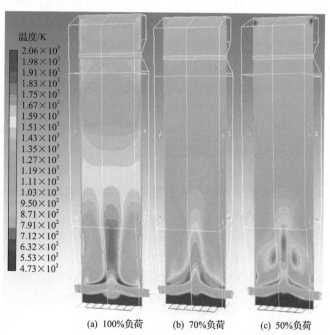

温度/K

| 2.06×10³ |
| 1.98×10³ |
| 1.91×10³ |
| 1.83×10³ |
| 1.75×10³ |
| 1.67×10³ |
| 1.59×10³ |
| 1.51×10³ |
| 1.43×10³ |
| 1.35×10³ |
| 1.27×10³ |
| 1.19×10³ |
| 1.11×10³ |
| 1.03×10³ |
| 9.50×10² |
| 8.71×10² |
| 7.91×10² |
| 7.12×10² |
| 6.32×10² |
| 5.53×10² |
| 4.73×10² |

(a) 100%负荷　　(b) 70%负荷　　(c) 50%负荷

图 5-38　不同负荷下炉膛温度分布

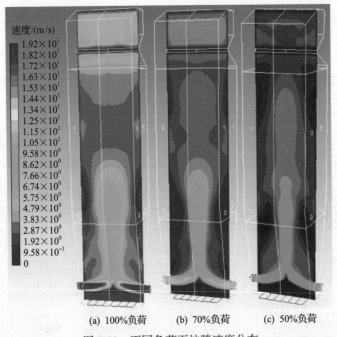

图 5-39 不同负荷下炉膛速度分布

火位置主要分布在预热燃料流的边缘处。随着两股对冲的高温预热燃料流在炉膛中间汇合，整体气流由水平转为垂直向炉膛上部运动。100%负荷时，主燃区主要集中在第二层燃尽风喷口以下的炉膛区域，70%负荷及 50%负荷时，主燃区为第一层燃尽风喷口以下的炉膛区域。随着负荷的增加，高温预热燃料的流量增加，"人字形"火焰长度增加，整体气流的直径增加，该截面的最高温度和速度均增加，且整体温度水平呈上升的趋势。

　　100%负荷、70%负荷及 50%负荷炉膛中心截面的氧气浓度分布如图 5-40 所示，由图可知，三个工况下的氧气浓度分布与温度及速度分布相似，均呈现出对称的"人字形"分布。氧气主要由二次风及燃尽风给入炉膛，在预热燃料喷口下部炉膛区域，氧气浓度最高为21%。由于预热燃料流直径较大，氧气无法穿过高温预热燃料流进入中心，故燃烧只能发生在预热燃料流的边缘，氧气浓度由 21%急剧降低至 0%，该区域的温度也最高。需要注意的是，由于预热燃料流刚性较强，充满着高温煤气和高温煤焦，在预热燃料流区域主要为还原性气氛，氧气浓度较低，在预热燃料流以外的区域，氧气浓度仍然较高，故在预热燃料流喷口以上靠近左右侧墙附近，氧气浓度最高也在 21%。氧气随着燃尽风的喷入进入炉膛，有利于预热燃料的燃尽，故在炉膛上部燃尽风喷口附近，均出现了氧气浓度先增加后降低的现象。

　　100%负荷、70%负荷及 50%负荷炉膛中心截面的 CO 和 CO_2 浓度分布如图 5-41和图 5-42 所示，由图可知，三种工况下的 CO 及 CO_2 浓度分布与温度及速度分布相似，均呈现出对称的"人字形"分布。CO 主要由预热燃料里的煤气产生，由于炉膛中的氧是过量的，所以除了预热燃料流区域，其他区域的 CO 浓度几乎为 0%，且 CO 浓度最高的区域出现在预热燃料流的边缘。随着 CO 及高温煤焦的燃烧，生成了大量的 CO_2，故在预热燃料流区域，出现了 CO_2 大量生成的现象。与温度分布不同的是，在"人字形"底部交叉口区域，CO_2 浓度出现了一个先增大后减小的分布特征，这是由预热燃料流底部与二次风接触面上的燃烧产生大量 CO_2 造成的，底部区域生成的 CO_2 汇入高温预热燃料流，与煤焦反应生成大量的 CO，导致 CO_2 浓度有所降低，且在预燃料流边缘区域 CO 浓度最高，CO_2 浓度分布呈现出"双人字形"分布。随着负荷的增加，高温煤气量增加，CO 总量增加，CO 反应区域有所扩大，CO_2 生成量增加，炉膛内 CO_2 的整体水平呈上升趋势。

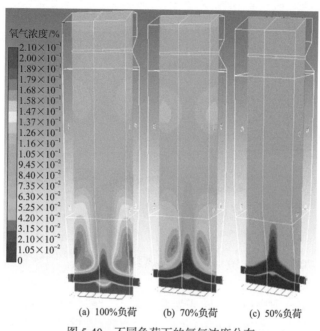

(a) 100%负荷　　(b) 70%负荷　　(c) 50%负荷

图 5-40　不同负荷下的氧气浓度分布

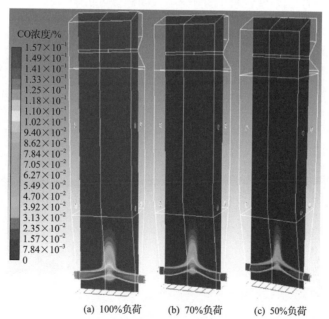

(a) 100%负荷　　(b) 70%负荷　　(c) 50%负荷

图 5-41　不同负荷下 CO 浓度分布

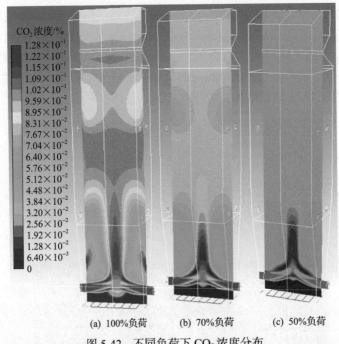

(a) 100%负荷　　　(b) 70%负荷　　　(c) 50%负荷

图 5-42　不同负荷下 CO_2 浓度分布

　　100%负荷、70%负荷及50%负荷预热燃料气体迹线、二次风迹线及颗粒迹线如图 5-43～图 5-45 所示。三个工况的预热燃料气体迹线显示，预热燃料水平喷入炉膛，在炉膛中心交汇后，射流方向由水平转变为垂直向上，绕过折焰角后到达炉膛出口。三个工况的二次风迹线显示，靠近炉膛中心的二次风受预热燃料射流及向上升的主气流的影响较大，靠近壁面的二次风受到的影响较小，同样绕过折焰角后，到达炉膛出口。三个

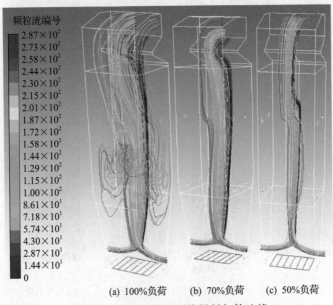

(a) 100%负荷　　　(b) 70%负荷　　　(c) 50%负荷

图 5-43　不同负荷下预热燃料气体迹线

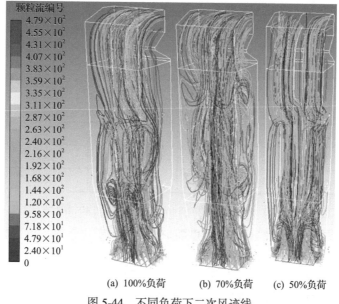

(a) 100%负荷　　(b) 70%负荷　　(c) 50%负荷

图 5-44　不同负荷下二次风迹线

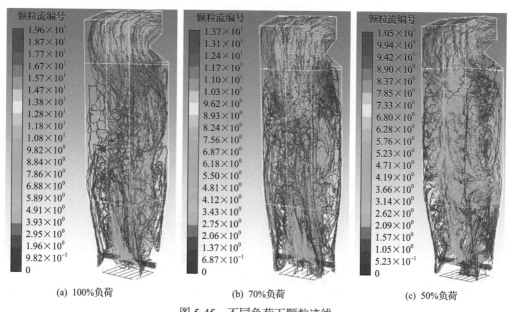

(a) 100%负荷　　　　　(b) 70%负荷　　　　　(c) 50%负荷

图 5-45　不同负荷下颗粒迹线

工况的颗粒迹线图显示，固相颗粒迹线与预热燃料气体迹线具有相似性，固相颗粒经由预热燃料喷口水平喷入炉膛，在炉膛中心交汇后，方向由水平转变为垂直向上，部分固相颗粒受二次风及燃尽风影响，在炉膛主燃区有较长的停留时间，最终大部分固相颗粒经过第二层燃尽风喷口高度的后墙区域，绕过折焰角后到达炉膛出口。随着负荷的增加，预热燃料气体迹线流动区域增加，二次风迹线受到的干扰效果增加，颗粒在炉膛内的迹线增加，炉内气流及颗粒的充满度增加，炉内尤其是上部炉膛区域的颗粒迹线分布更规律。

100%负荷、70%负荷及50%负荷的炉膛出口平均温度、煤焦燃尽率及出口平均氧气浓度如表 5-15 所示。由表 5-15 可知，预热燃料燃烧效率均较高。

表 5-15 炉膛出口氧气浓度和煤焦燃尽率

项目	工况 1	工况 2	工况 3
锅炉负荷/%	100	70	50
出口平均温度/℃	897.9	780.2	665.2
煤焦燃尽率/%	99.84	99.83	99.14
出口平均氧气浓度/%	5.9	6.1	6.4

100%负荷、70%负荷及50%负荷沿炉膛高度方向的截面平均温度计算结果对比如图 5-46 所示。不同负荷下的截面平均温度随炉膛高度的变化趋势一致：随着负荷的增加，炉膛平均温度增加。温度曲线在炉膛高度 6.5m 及 12.5m 以上区域分别出现了温度先小幅度降低再升高的趋势，这是由两层燃尽风的喷入导致高温煤焦更好地燃尽造成的。100%负荷时，炉膛平均温度的最大值为 1500K 左右，出现在炉膛高度 3m 左右处。

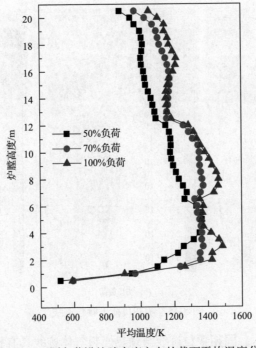

图 5-46 不同负荷沿炉膛高度方向的截面平均温度分布

不同负荷的 NO 计算结果如图 5-47 所示，NO 生成量最高的区域为高温、预热燃料流边缘且氧气浓度相对较高的区域，包括第一、二层燃尽风喷口附近区域。

100%负荷工况下，生成的 NO 主要分布于高温预热燃料与二次风的接触面及燃尽风喷口附近的氧化性气氛中，而在炉膛中的还原性气氛中 NO 生成量较低，70%负荷工况与 100%负荷工况 NO 分布相似，由于负荷较低，炉内最高温度及高温预热燃料量均比

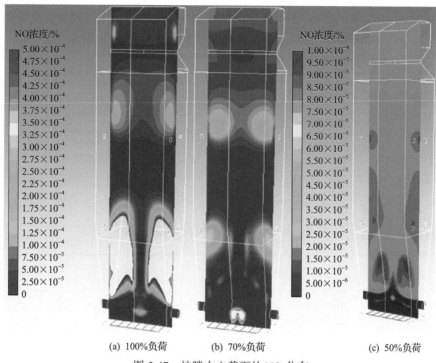

(a) 100%负荷　　　　(b) 70%负荷　　　　　　(c) 50%负荷

图 5-47　炉膛中心截面的 NO 分布

100%负荷低，故 NO 生成量比 100%负荷工况低，50%负荷双喷口的 NO 计算结果最低，计算炉膛出口 NO 排放浓度为 40mg/m³（氧气浓度为 9%）。

4）试验研究

（1）试验煤种。试验煤种为神木烟煤，试验煤种的工业分析和元素分析见表 5-16。

表 5-16　试验煤种工业分析和元素分析（60t/h 煤粉预热对冲燃烧锅炉）

工业分析(质量分数)/%				元素分析(质量分数)/%					低位热值/(MJ/kg)
M_{ar}	V_{daf}	A_{ar}	FC_{ar}	C_{ar}	H_{ar}	O_{ar}	N_{ar}	S_{ar}	
3.30	35.60	12.78	48.32	66.76	3.97	13.80	0.89	0.28	26.92

注：下标 ar 表示收到基，daf 表示干燥无灰基。

（2）预热燃烧器运行分析。26MW 预热燃烧器温度和压力随时间的变化见图 5-48 和图 5-49，预热燃烧器各温度主要集中在 850～950℃，可见 26MW 预热燃烧器运行稳定，内部物料循环良好。

A/B 两侧预热燃烧器不同位置的温度分布见图 5-50，可见，两个燃烧器温度分布均匀，预热燃烧器内温差小，煤粉预热温度为 880℃。

（3）炉膛运行分析和 NOₓ 排放。50%负荷和 70%负荷的炉膛左右两侧温度分布见图 5-51，70%负荷的炉内温度明显高于 50%负荷的炉内温度。70%负荷的炉内两侧温度的均匀性优于 50%负荷的炉内两侧温度的均匀性。

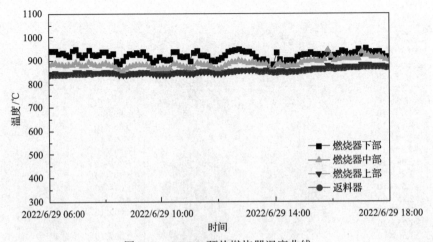

图 5-48　26MW 预热燃烧器温度曲线

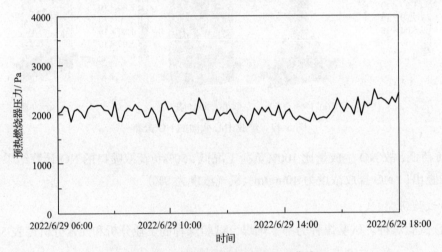

图 5-49　26MW 预热燃烧器压力曲线

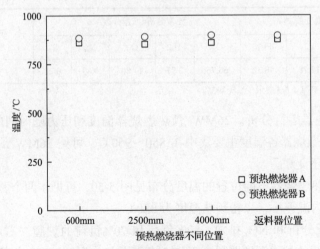

图 5-50　两个预热燃烧器温度分布

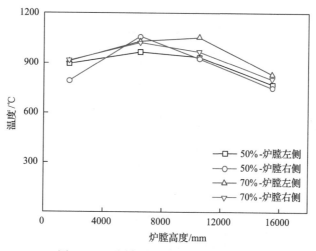

图 5-51　不同负荷的炉内两侧温度分布

NO$_x$ 排放特性对比见图 5-52，可见，10%负荷、20%负荷、30%负荷、50%负荷、70%负荷和92%负荷下均实现了超低 NO$_x$ 排放，其主要原因在于两方面，一是 70%负荷以上时，锅炉尾部氧气含量较低，仅为 0.11%，导致 NO$_x$ 排放量低；二是下层燃尽风关闭，增加了还原区停留时间，有利于 NO$_x$ 还原。

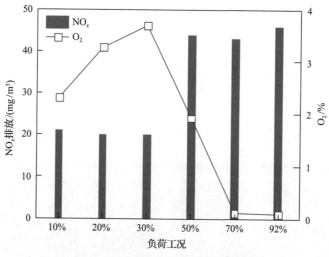

图 5-52　不同工况的 NO$_x$ 排放水平

本书开展了上述各负荷的超低 NO$_x$ 排放的第三方性能测试，其测试的主要数据见表 5-17。

表 5-17　超低 NO$_x$ 测试主要数据

项目	负荷工况					
	10%	20%	30%	50%	70%	92%
锅炉负荷/(t/h)	6.25	11.75	18.50	30.07	42.75	55.75
蒸汽压力/MPa	1.40	1.83	2.08	2.39	2.39	2.51

续表

项目	负荷工况					
	10%	20%	30%	50%	70%	92%
蒸汽温度/℃	352.7	341.6	349.8	367.7	368.5	391.7
给水温度/℃	100.50	102.05	102.73	103.66	103.4	100.78
飞灰可燃物含量/%	18.86	16.86	15.75	19.27	6.08	12.63
飞灰占比/%	90.00	90.00	90.00	90.00	100.00	100.00
固体不完全燃烧损失/%	2.25	1.99	1.84	2.34	1.72	1.59
排烟处 RO_2 浓度/%	14.56	15.42	15.39	16.88	18.20	17.59
排烟处 CO 浓度/%	0.03	0.03	0.02	0.03	0.02	0.08
排烟处 O_2 浓度/%	2.32	3.28	3.70	1.93	0.11	0.10
气体不完全燃烧损失/%	0.12	0.12	0.08	0.11	0.07	0.28
排烟温度/℃	104	123	128	124	148.7	132
排烟热损失/%	3.87	4.56	4.87	4.81	4.49	5.21
散热损失/%	7.68	4.09	2.60	1.60	0.81	1.00
灰渣物理热损失/%	0.04	0.05	0.05	0.05	0.11	0.05
热损失之和/%	14.02	10.44	9.09	8.58	7.20	8.13
燃烧效率/%	97.63	97.89	98.08	97.55	98.21	98.13
锅炉热效率/%	85.98	89.56	90.91	91.42	92.80	91.87
NO_x 原始排放(氧气浓度为9%)/(mg/m³)	21.0	20.0	20.0	44.0	42.9	45.9

注：RO_2 表示三原子气体，在这里代表 CO_2 和 SO_2。

10%负荷和92%负荷超低 NO_x 排放测试期间，其运行画面见图5-53。

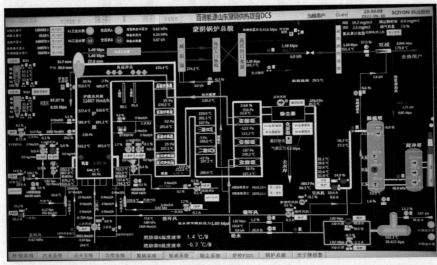

(a) 10%负荷

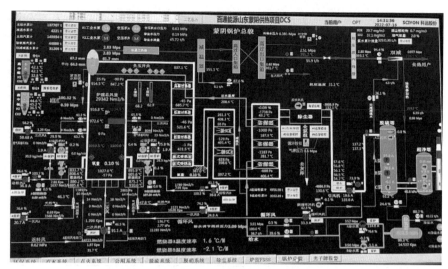

(b) 92%负荷

图 5-53　10%负荷和 92%负荷超低 NO$_x$ 测试工况运行画面

3. 90t/h 煤粉预热对冲燃烧锅炉

本部分在 60t/h 煤粉预热对冲燃烧锅炉的基础上，设计开发了 90t/h 煤粉预热对冲燃烧锅炉，蒸汽压力为 3.82MPa，蒸汽温度为 450℃，工程建设地点在山东东营。

90t/h 煤粉预热对冲燃烧锅炉的主要设计参数见表 5-18。

表 5-18　90t/h 煤粉预热对冲燃烧锅炉主要设计参数

参数	数值
额定蒸汽流量/(t/h)	90
蒸汽压力/MPa	3.82
蒸汽温度/℃	450
给水温度/℃	104
冷空气温度/℃	30
预热室温度/℃	900
燃烧室温度/℃	1100
排烟温度/℃	140
气体不完全燃烧损失/%	0.05
固体不完全燃烧损失/%	1.39
散热损失/%	1.50
总热损失/%	8.73

续表

参数	数值
热效率/%	91.27
保热系数	0.98
锅炉有效利用热量/MW	72.6
计算燃料消耗量/(kg/h)	12114
出口烟气量/(m³/h)	96099
烟气中水蒸气含量/%	6.8
燃烧所需总风量/(m³/h)	88531
灰渣总流量/(kg/h)	1395

90t/h 煤粉预热对冲燃烧锅炉布置 2 台 40MW 预热燃烧器，预热燃烧器为自热式流化床，绝热形式，预热燃烧器包括提升管、旋风分离器和返料器等关键部件，提升管左右两侧设置两个旋风分离器和两个返料器，形成双循环回路，每个预热燃烧器设置两个预热燃料喷口，从炉膛侧墙对冲喷入炉内，即 4 喷口对冲燃烧。

炉膛为方形截面，炉膛总高 24000mm，炉膛截面尺寸为 6770mm×6770mm，炉膛底部设置托底风，用作二次风，炉膛预热燃料喷口上部 3000mm 和 6000mm 设置两层燃尽风。

90t/h 煤粉预热对冲燃烧锅炉工艺流程与 60t/h 煤粉预热对冲燃烧锅炉工艺流程基本一致。

90t/h 煤粉预热对冲燃烧锅炉外观见图 5-54。

图 5-54　建设中的 90t/h 煤粉预热对冲燃烧锅炉

2022 年 8 月，锅炉正式投产供汽，锅炉 20%负荷时运行画面见图 5-55。

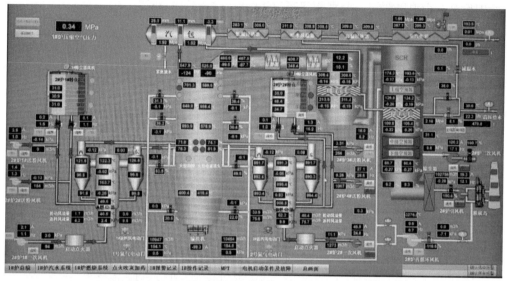

图 5-55　90t/h 煤粉预热对冲燃烧锅炉 20%负荷运行画面

5.2.2　半焦预热燃烧锅炉

在现役 35t/h 煤粉预热燃烧锅炉基础上，经过改造，采用预热燃烧技术，建成半焦预热燃烧锅炉，完成工程示范，突破半焦的超低挥发分燃料着火、燃尽难和低 NO_x 排放的技术难题。

1. 工艺系统

35t/h 半焦预热燃烧锅炉是在原 35t/h 煤粉工业锅炉的基础上改造而成的，该锅炉额定蒸发量为 35t/h，额定蒸汽压力为 1.6MPa，额定蒸汽温度为 250℃，改造前设置有 4 个对喷旋流燃烧器，2 个侧墙各设置 2 个旋流燃烧器。改造的主要内容为拆除 4 个旋流燃烧器，更换为底喷布置的 1 个预热燃烧器，并对二次风供风和给粉设备进行改造。

改造后的 35t/h 半焦预热燃烧锅炉燃烧工艺流程如图 5-56 所示。系统主要包括烟风系统、物料系统、点火燃烧系统和尾部烟气处理系统。燃料燃烧用风分为一次风、二次风和燃尽风，即采用分级配风方式实现半焦的燃烧。一次风供风进入预热燃烧器底部，二次风经过预热后从炉膛底部供入炉内，燃尽风从炉膛中部供入炉内。炉前设置了半焦塔，半焦塔底部设置 2 台给粉机，分别由对应的送粉风机以气力输送的方式将半焦输送到预热燃烧器内。燃烧生成的高温烟气经余热回收和布袋除尘后由引风机引至烟囱排放。一次风机、二次风机、燃尽风机、引风机、送粉风机均为变频风机，以利于工况调整和系统节能。尾部烟气处理装置包括布袋除尘器、脱硫塔和脱硝系统。布袋除尘器收集燃烧后的飞灰，除尘后的烟气由引风机引至烟囱排放。

预热燃烧器设有 5 个温度测点，分别位于预热燃烧器底部、中部、上部和 2 个出口。炉膛内设有 3 个温度测点，分别距离喷口 1.0m、2.5m、10.0m。

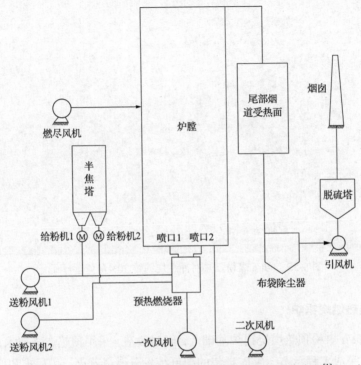

图 5-56　改造后的 35t/h 半焦预热燃烧锅炉燃烧工艺流程[1]

图 5-57　预热燃烧器与
炉膛安装位置示意

预热燃烧器是实现半焦预热的重要设备，半焦粉在预热燃烧器中通过缺氧气氛下的部分气化和燃烧放出热量，将自身的温度稳定地预热到 900℃ 以上，不需要外界热量的输入。预热燃烧器为绝热的小型循环流化床，其与炉膛的安装位置关系如图 5-57 所示，预热燃烧器安装在炉膛的正下方。预热燃烧器出口有 2 个喷口，预热后的燃料从炉膛底部向上喷入炉膛。炉膛底部设置有 4 个排渣口，用于将运行过程中炉膛内的结渣排出炉膛。

锅炉尾部烟道设置有烟气取样口和飞灰取样口，烟气取样口设置在 SCR 脱硝装置之前，飞灰取样口设置在布袋除尘器之前。运行过程中，通过德图 350 烟气分析仪对烟气进行在线测量。对典型工况的飞灰进行等速取样，进行碳含量分析，同时在炉膛底部设有排渣口，运行过程中收集渣样并进行碳含量分析。

预热燃烧器热功率为 26MW，绝热形式，带有两个分离器回路，预热燃烧器设置两个出口，预热燃烧器实物见图 5-58。

图 5-58　26MW 预热燃烧器

2. 试验燃料

试验所用燃料为神木烟煤、神木半焦以及神木半焦和气化飞灰的混合燃料，混合燃料中气化飞灰的掺混比例为 6%，干燥无灰基挥发分为 4.26%。神木烟煤、神木半焦、气化飞灰和混合燃料的煤质分析结果见表 5-19。其中，神木烟煤的粒径为 0～120μm，中位粒径为 40μm；神木半焦的粒径为 0～200μm，中位粒径为 82μm；气化飞灰的粒径为 0～108μm，中位粒径为 24μm。

表 5-19　燃料煤质分析结果

项目		神木烟煤	神木半焦	气化飞灰	混合燃料
元素分析 （质量分数）/%	C_{ar}	62.97	86.18	66.17	84.98
	H_{ar}	3.88	1.80	0.57	1.73
	O_{ar}	10.18	0.00	1.09	0.06
	N_{ar}	0.98	0.49	0.61	0.50
	S_{ar}	0.40	0.37	1.03	0.40
工业分析 （质量分数）/%	M_{ar}	11.80	3.66	3.46	3.65
	FC_{ar}	52.67	82.22	52.90	80.46
	V_{daf}	30.57	4.30	3.63	4.26
	A_{ar}	9.82	7.87	43.14	9.99
低位热值/（kJ/kg）		24195	30809	19339	30139

注：下标 ar 表示收到基，daf 表示干燥无灰基。

煤粉进入储仓之前，称取相应比例的半焦和气化飞灰，加入罐车中对两者进行掺混。掺混后的燃料以气力输送的方式从罐车进入半焦塔，再通过直吹送粉的方式进入到预热燃烧器中。

3. 试验工况

试验研究了燃料种类、预热温度和锅炉负荷对锅炉燃烧特性和NO_x排放特性的影响，其中预热温度为预热燃烧器内最高温度。不同燃料对比试验工况参数见表 5-20，不同预热温度对比试验工况参数见表 5-21，不同负荷对比试验工况参数见表 5-22。

表 5-20   不同燃料对比试验工况参数

项目	单位	工况 1	工况 2	工况 3
燃料	—	神木烟煤	神木半焦	混合燃料
负荷	t/h	24.5	29.0	29.0
给煤量	kg/h	2710	2586	2615
送粉风量	m³/h	1611	1689	1721
预热温度	℃	872	886	880
尾部氧的体积分数	%	7.7	8.0	5.7

表 5-21   不同预热温度对比试验工况参数

项目	单位	工况 4	工况 5	工况 6
燃料	—	混合燃料	混合燃料	混合燃料
负荷	t/h	17.5	19.3	20.0
给煤量	kg/h	1548	1711	1781
送粉风量	m³/h	827	846	836
预热温度	℃	855	887	942
尾部氧的体积分数	%	9.6	8.8	8.7

表 5-22   不同负荷对比试验工况参数

项目	单位	工况 7	工况 8	工况 9
燃料	—	混合燃料	混合燃料	混合燃料
负荷	t/h	13.3	19.3	28.0
给煤量	kg/h	1178	1711	2491
送粉风量	m³/h	855	846	857
预热温度	℃	910	887	876
尾部氧的体积分数	%	12.8	8.8	6.1

4. 运行分析

试验全程预热燃烧器内不同位置的温度随时间的变化如图 5-59 所示，试验过程中预热燃烧器温度平稳。预热燃烧器的温度可以通过一次风和给煤量的配比进行控制，在整个试验过程中通过调整一次风与给煤量进行匹配，保证预热燃烧器的温度保持在 850～950℃。

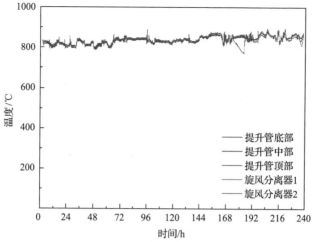

图 5-59 试验全程预热燃烧器内不同位置的温度随时间的变化

试验全程炉膛底部温度随时间的变化如图 5-60 所示，随着锅炉负荷的调整，给煤量发生变化，炉膛底部温度有所波动，最低为 600℃，最高达 1180℃。

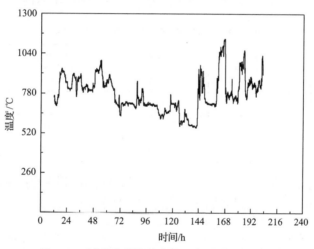

图 5-60 试验全程炉膛底部温度随时间的变化

由图 5-60 可见，试验燃料在 35t/h 半焦预热燃烧锅炉中都可以稳定燃烧，即使干燥无灰基挥发分为 4.30%的半焦粉也能稳定地纯燃，说明预热燃烧锅炉具有很好的燃料适应性，这是对传统煤粉锅炉燃烧技术的突破。

1）燃料变化对预热燃烧的影响

不同燃料（工况 1～3）燃烧室内温度沿轴向的分布如图 5-61 所示。由于工况 1 锅炉负荷低，炉膛内的平均温度最低，不同燃料炉膛内的温度分布基本相同。为了控制炉膛内结焦，通过调整二次风和燃尽风的配风，燃烧室内的最高温度均未超过 1200℃。

运行过程中通过观火孔观察炉膛内部的火焰形态，2 个喷口的火焰长度和宽度基本一致，炉膛的火焰充满度也比较好，火焰长度为 3.0m 左右。

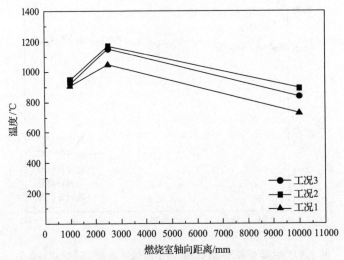

图 5-61　燃用不同燃料时燃烧室温度沿轴向的分布

试验过程中对尾部飞灰进行取样及可燃物含量检测，检测结果及燃烧效率计算结果见表 5-23。3 个工况的燃烧效率都在 99% 以上，表明燃料的燃尽性能很好。

表 5-23　不同燃料的飞灰含量及燃烧效率

项目	单位	神木烟煤	神木半焦	混合燃料
飞灰碳含量 $w(C_{fh})$	%	4.56	3.27	4.28
底渣碳含量 $w(C_{hz})$	%	3.10	2.50	2.98
CO 浓度	mg/m³	235	210	123
燃烧效率 η_{cf}	%	99.30	99.50	99.40

试验过程中对尾部烟气中的 NO_x 进行了在线分析，尾部烟气中 NO_x 浓度随时间的变化如图 5-62～图 5-64 所示，尾部烟气的成分均较稳定。

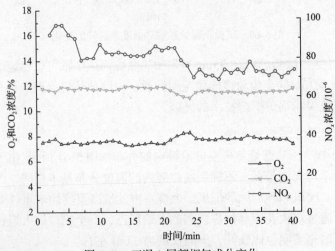

图 5-62　工况 1 尾部烟气成分变化

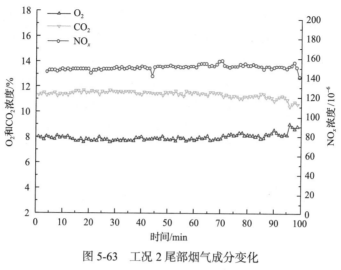

图 5-63 工况 2 尾部烟气成分变化

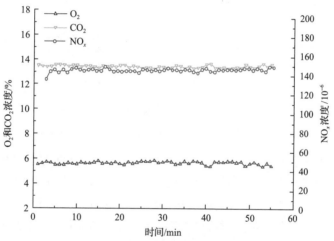

图 5-64 工况 3 尾部烟气成分变化

3 个工况下的 NO_x 和 O_2 排放浓度见表 5-24，神木烟煤的 NO_x 排放浓度最低，为 145.8mg/m³（氧气浓度为 9%），而神木半焦和混合燃料的 NO_x 排放浓度都超过了 200.0mg/m³（氧气浓度为 9%）。

表 5-24 工况 1~3 下 NO_x 和 O_2 排放浓度

项目	单位	工况 1	工况 2	工况 3
NO_x 排放浓度（氧气浓度为 9%）	mg/m³	145.8	283.9	234.2
O_2 排放浓度	%	7.7	8.0	5.7

2）预热温度变化对燃烧及 NO_x 排放的影响

试验过程中保证给煤量和送粉风量不变，通过改变一次风量来改变预热温度，工况 4~6 的预热温度分别为 855℃、887℃、942℃。

3 个工况下燃烧室温度沿轴向的分布如图 5-65 所示。随着预热温度的升高，炉膛底部的温度明显升高，当预热温度为 855℃时炉膛底部的温度为 840℃，当预热温度升高到 942℃后炉膛底部的温度也升高到 894℃。另外，随着预热温度的升高炉膛的整体温度也有所升高，说明预热温度升高有利于预热后的燃料在炉膛中燃烧放热，可提升炉膛内的燃烧份额，使预热燃料燃尽性更好，有助于提升锅炉的整体热效率。

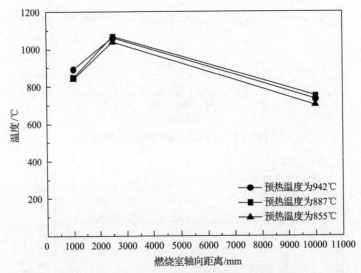

图 5-65　不同预热温度下燃烧室温度沿轴向的分布

不同预热温度下的 NO_x 排放浓度见表 5-25，3 个工况下 NO_x 排放浓度都比较低，尾部烟气中的 CO 浓度也比较低。随着预热温度的升高，NO_x 排放浓度呈现先降低后增加的趋势，当预热温度为 887℃时，NO_x 排放浓度最低，为 110.6mg/m³（氧气浓度为 9%），这是因为预热温度升高有利于预热过程中燃料氮的还原，但当预热温度过高时，预热燃料的空隙会收缩坍塌，对后续燃烧过程中焦炭氮的还原造成影响。

表 5-25　不同预热温度下 NO_x 排放浓度

项目	单位	工况 4	工况 5	工况 6
预热温度	℃	855	887	942
CO 排放浓度	mg/m³	210	176	174
O_2 排放浓度	%	9.6	8.8	8.7
NO_x 排放浓度（氧气浓度为 9%）	mg/m³	118.5	110.6	122.6

3) 锅炉负荷对燃烧及 NO_x 排放的影响

不同锅炉负荷的试验中分别选取了 13.3t/h、19.3t/h、28.0t/h 负荷进行研究，3 个工况下预热燃烧器空气当量比和预热温度基本相同，不同负荷下燃烧室温度轴向分布如图 5-66 所示。从图中可知，3 个工况下燃烧室内的温度分布曲线基本相同，温度不同主要是由负荷不同引起的。锅炉负荷为 13.3t/h 时炉膛内的最高温度只有 846℃，炉膛出口温度只有 579℃，虽然燃烧温度较低但运行仍比较稳定，说明预热燃烧技术对于低负荷条件下的锅炉稳燃有较好的作用。

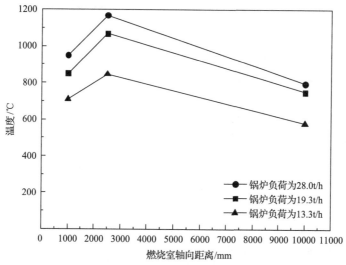

图 5-66　不同负荷下燃烧室温度沿轴向的分布

不同负荷下的 NO_x 排放浓度见表 5-26，3 个工况下 NO_x 排放浓度都低于 $200mg/m^3$（氧气浓度为 9%）。随着锅炉负荷的增加，尾部烟气中的 O_2 浓度降低，CO 浓度增加，NO_x 排放增加。值得注意的是，锅炉负荷越低，NO_x 排放越低，这是因为低负荷下预热燃料的射流刚度较小，预热燃料射流与二次风掺混更加容易且更均匀，使 NO_x 排放降低。

表 5-26　不同负荷下 NO_x 排放浓度

项目	单位	工况 7	工况 8	工况 9
锅炉负荷	%	38	55	80
CO 排放浓度	mg/m³	51	176	255
O_2 排放浓度	%	12.8	8.8	6.1
NO_x 排放浓度（氧气浓度为 9%）	mg/m³	108	110	117

5.2.3　气化飞灰预热燃烧锅炉

气化飞灰是煤气化的副产物，具有挥发分含量低、着火点高和燃尽难的特点[3,9]。循环流化床是煤气化的重要装备之一，循环流化床气化飞灰的高效利用对循环流化床气化技术的发展具有重要作用。

本节以循环流化床气化飞灰为燃料，设计开发了 100t/d 气化飞灰预热燃烧锅炉[3]，实现气化飞灰的高效利用，提升煤气化的能源综合利用效率。

1. 设计参数

气化飞灰设计燃料的工业分析、元素分析和低位热值见表 5-27，干燥无灰基挥发分含量极低，仅为 2.17%，气化飞灰的水含量极低，有利于气化飞灰的输送。

表 5-27　气化飞灰工业分析和元素分析

工业分析(质量分数)/%				元素分析(质量分数)/%					低位热值/(MJ/kg)
M_{ar}	A_{ar}	V_{ar}	FC_{ar}	C_{ar}	H_{ar}	N_{ar}	O_{ar}	S_{ar}	
0.06	59.66	2.17	38.11	38.86	0.20	0.26	0.34	0.62	13.61

利用 FRITSCH 公司的 Analysette 22 NanoTec 激光粒度仪，采用干法测量，获得了气化飞灰的粒径分布，如图 5-67 所示。全部燃料颗粒直径在 0~120μm，其中 d_{90} 和 d_{50} 分别为 74μm 和 38μm，与传统煤粉炉燃用的煤粉粒径较为相似。

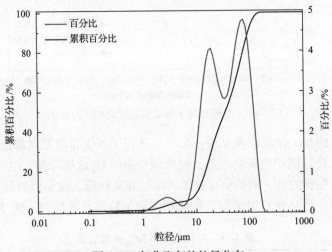

图 5-67　气化飞灰的粒径分布

气化飞灰预热燃烧锅炉的主要设计参数见表 5-28。该锅炉设计为一台饱和蒸汽锅炉，额定蒸汽量为 20t/h、饱和蒸汽温度和压力分别为 249℃、3.82MPa，设计燃料消耗量为 100t/d。

表 5-28　气化飞灰预热燃烧锅炉主要设计参数

项目	单位	数值
额定蒸发量	t/h	20
饱和蒸汽压力	MPa	3.82
饱和蒸汽温度	℃	249
给水温度	℃	105
排烟温度	℃	≤200
设计燃料消耗量	t/d	100

预热燃烧器设计热功率为 14MW，数量 1 只，绝热形式，预热燃烧器布置在炉膛底部，形成预热燃烧器底置锅炉。

炉膛为方形截面,炉膛截面尺寸为 2520mm×2520mm,炉膛上下两集箱中心线高度为 12300mm。

炉膛采用分级配风方式,炉膛高度方向设置 5 层燃尽风喷口,以通过逐级掺混实现预热燃料燃烧。

炉膛出口依次设置旗式受热面、高温空气预热器、省煤器和低温空气预热器。

100t/d 气化飞灰预热燃烧锅炉设计方案总图见图 5-68。

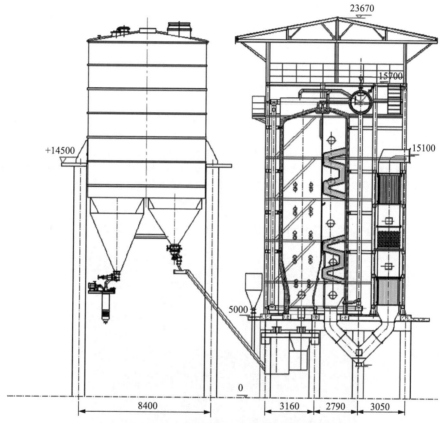

图 5-68 100t/d 气化飞灰预热燃烧锅炉设计方案总图(单位:mm)

2. 工艺流程

100t/d 气化飞灰预热燃烧锅炉的工艺流程如图 5-69 所示,主要包括烟风系统、水系统、物料系统、点火燃烧系统和尾部烟气处理系统[3]。

气化飞灰从煤气化炉产生后输送至一个储仓,通过给粉机落入送粉管,由送粉风携带送入预热燃烧器。燃料在预热燃烧器中与一次风混合后实现流态化高温预热反应,形成的高温预热燃料从炉膛底部进入炉膛。二次风从炉膛底部供入,与高温预热燃料混合进行燃烧。燃尽风经低温空气预热器和高温空气预热器预热后在炉膛不同高度位置水平送入炉内,用于燃料燃尽。燃料燃烧产生的高温烟气经余热回收及废气处理系统后由引风机送至烟囱。再循环烟气从袋式除尘器后抽出，从炉底与二次风混合后送入炉膛，以调节燃烧温度和 NO_x 排放。

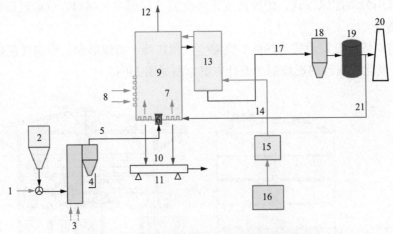

图 5-69 100t/d 气化飞灰预热燃烧锅炉工艺流程[3]

1.送粉风；2.气化飞灰储罐；3.一次风；4.预热燃烧器；5.预热燃料；6.燃料喷口；7.二次风；8.燃尽风；9.炉膛；
10.灰渣；11.灰渣输送；12.主蒸汽；13.尾部烟道；14.给水；15.除氧器；16.除盐水箱；17.尾部烟气；
18.烟气净化系统；19.除尘器；20.烟囱；21.再循环烟气

100t/d 气化飞灰预热燃烧锅炉外貌见图 5-70，运行控制系统见图 5-71。

图 5-70 100t/d 气化飞灰预热燃烧锅炉外貌

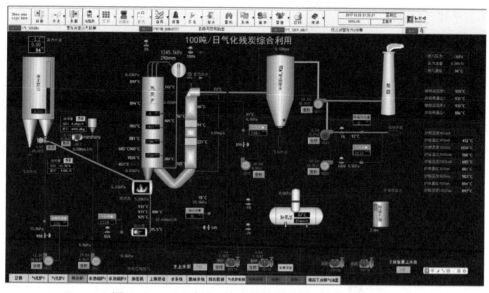

图 5-71 100t/d 气化飞灰预热燃烧锅炉运行控制系统

3. 运行分析

1) 预热燃烧器运行

预热燃烧器为循环流化床结构。送粉风携带气化飞灰进入预热燃烧器,一次风提供床料和燃料的流化所需的空气,燃烧器内总的空气当量比约为 0.2。气化飞灰在燃烧器内发生热解、气化和部分燃烧反应,实现自维持预热。循环流化床燃烧器内设有 4 个 K 型热电偶,其中 3 个设置在提升管的上中下部,另外一个在 U 形返料器内。这 4 个点的温度随时间的变化如图 5-72 所示。从图中可以看出,在 120h 运行过程中,4 个温度点温度相近且曲线平滑,说明燃烧器运行稳定、温度均匀,反映出物料循环正常,气化飞灰可以稳定连续预热到 900℃左右,达到预热效果。

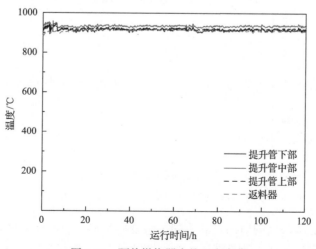

图 5-72 预热燃烧器内的温度变化

2) 炉膛运行分析

锅炉炉膛中沿高度方向布置了 8 个热电偶, 测得的 120h 的温度变化曲线如图 5-73 所示。二次风、燃尽风为预热后的燃料提供了充足的氧气, 实现了炉内稳定燃烧。为了分析炉膛内的温度分布, 选取了 2 个不同运行负荷下的炉膛温度进行了对比, 如图 5-74 所示。可见, 锅炉在 70%负荷和 80%负荷下炉膛内的温度分布趋势大致相同, 且温度沿炉膛高度方向变化不大, 400mm 到 10000mm 高度处的温度在 800~1050℃, 与传统煤粉锅炉相比, 这一温度分布更加均匀。此外, 该锅炉的最高燃烧温度也较低。采用红外测温枪测得的炉内火焰最高温度约为 1200℃, 明显低于传统煤粉锅炉主燃烧区的最高温度 (一般超过 1400℃)。

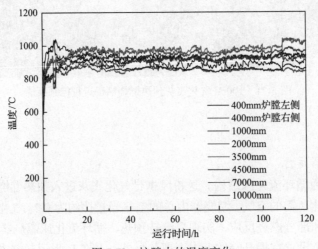

图 5-73　炉膛内的温度变化

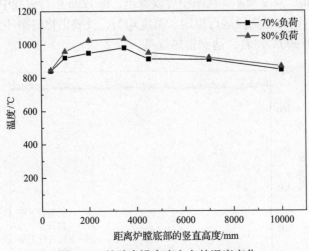

图 5-74　炉膛内沿高度方向的温度变化

本锅炉燃烧温度较低的原因是其不同于传统煤粉锅炉的炉膛配风方式和比例, 传统煤粉锅炉的二次风当量比一般不低于 0.8, 主燃烧区总空气当量比在 1.0 左右, 实现主燃烧区的高温高氧气浓度燃烧，以确保燃料的着火和稳燃。而本锅炉采用预热燃烧技术，预热燃料的燃烧具有特殊性。由于气化飞灰进入炉膛之前，已经在预热燃烧器中被预热至 850℃以上，高于燃料自身的燃点，因此在进入炉膛后只要将二次风合理配入即可点燃。本锅炉二次风当量比设置为 0.2～0.4，主燃烧区总空气当量比仅为 0.4～0.6，依然实现了良好的着火和稳燃效果，燃料燃尽所需的空气由炉膛上部不同高度布置的燃尽风提供。因此，在这种配风形式和比例下，本锅炉在保持燃烧效率的前提下降低了炉内的最高温度，且整体温度分布较为均匀，有利于降低 NO_x 排放。

不同负荷下气化飞灰的燃烧效率见表 5-29，可以看出，在 70%和 80%两个负荷下，气化飞灰都获得了较高的燃烧效率。气化飞灰的挥发分极低、灰分含量高，但燃烧飞灰碳含量和底渣碳含量都控制在较低水平。这是因为气化飞灰在预热燃烧器中进行高温预热过程中，燃料颗粒的性质发生了改变，颗粒内部孔隙结构变大，化学反应表面积增加，达到了燃料改性的效果，从而提高了燃尽性能，进而获得了较高的燃烧效率。

表 5-29 不同负荷下气化飞灰的燃烧效率

项目	70%负荷	80%负荷
锅炉负荷/%	70	80
尾气 CO 浓度/10^{-6}	79	53
气体不完全燃烧热损失/%	0.05	0.03
飞灰碳含量/%	5.46	3.76
底渣碳含量/%	1.34	1.01
固体不完全燃烧热损失/%	2.14	1.46
燃烧效率/%	97.81	98.51

3）NO_x 排放特性

在 70%和 80%两个负荷工况下，控制二次风当量比低于 0.4，考察 NO_x 排放情况，见表 5-30。从表中可以看出，两个工况的 NO_x 排放浓度均低于 230mg/m³（氧气浓度为 9%），其中 80%负荷工况较 70%负荷工况 NO_x 排放浓度略有升高，这是由于 80%负荷工况的二次风当量比略高，且主燃烧区温度略高，两个因素均造成了 NO_x 略有升高。但这两个工况的 NO_x 排放浓度均远低于无烟煤燃烧的 NO_x 排放水平，甚至低于绝大多数烟煤锅炉的 NO_x 排放水平。

表 5-30 NO_x 排放

项目	70%负荷	80%负荷
输入功率负荷/%	70	80
预热燃烧器空气当量比	0.15	0.16
二次风当量比	0.37	0.39
NO_x 排放浓度（氧气浓度为 9%）/(mg/m³)	209.5	225.1

5.3 预热燃烧工业应用展望

预热燃烧技术已在工业锅炉上开展了示范和应用，充分体现了燃料适应性宽、NO$_x$排放低、负荷调节范围大等技术优势，若在电站锅炉、水泥窑炉、冶金窑炉等领域推广应用，则对中国能源节约和行业转型发展具有重要意义。

5.3.1 预热燃烧电站锅炉

燃煤火电发电量占中国总发电量的 70%以上，未来很长一段时期内燃煤火电依然是中国电力的重要保障和安全基础。燃煤电站锅炉主要包括两种炉型，一是煤粉锅炉；二是循环流化床锅炉，煤粉锅炉是主力发电机组。预热燃烧技术若应用到煤粉锅炉中，有望拓宽电站锅炉煤种适应性、增加负荷调节深度和负荷调节灵活性，同时大幅度降低 NO$_x$原始排放水平。

1. 预热燃烧总体方案

某 330MW 电站锅炉系亚临界参数、一次中间再热、自然循环、单炉膛、平衡通风、四角切圆燃烧、固态排渣、全钢构架、紧身封闭的锅炉。锅炉设计煤质为普通烟煤，煤粉粒径为 0~120μm，锅炉设计参数见表 5-31。

表 5-31　锅炉设计参数（某 330MW 电站锅炉）

名称	单位	数值
过热蒸汽流量	t/h	1176
过热器出口蒸汽压力	MPa	17.5
过热器出口蒸汽温度	℃	541
再热蒸汽流量	t/h	970.6
再热器进口蒸汽压力	MPa	3.9
再热器出口蒸汽压力	MPa	3.7
再热器进口蒸汽温度	℃	326
再热器出口蒸汽温度	℃	541
省煤器给水温度	℃	280

炉膛原配备 5 台中速磨煤机，一次风经空气预热后分别送入 A 磨煤机、B 磨煤机、C 磨煤机、D 磨煤机和 E 磨煤机，每个磨煤机出口设 4 根送粉管，分别对应锅炉四角燃烧器，形成四角切圆燃烧。

炉膛为方形截面，炉膛截面尺寸为 13640mm×14022mm，炉膛上下集箱中心线高为54497mm，炉膛上部至出口烟道依次设置屏式过热器、屏式再热器、末级再热器、低温过热器、省煤器、SCR 脱硝反应器和空气预热器。

该 330MW 锅炉运行测试表明，锅炉最低负荷能力为 40%，NO$_x$原始排放为 200~500mg/m^3。

为拓宽锅炉调峰深度并降低 NO$_x$ 原始排放水平，炉前增加 4 台预热燃烧器，煤粉总量的 50%经过预热改性后喷入炉膛燃烧，330MW 电站锅炉预热燃烧方案总图见图 5-75。预热燃料从 CD 层喷口和 DD 层喷口中间喷入炉内。

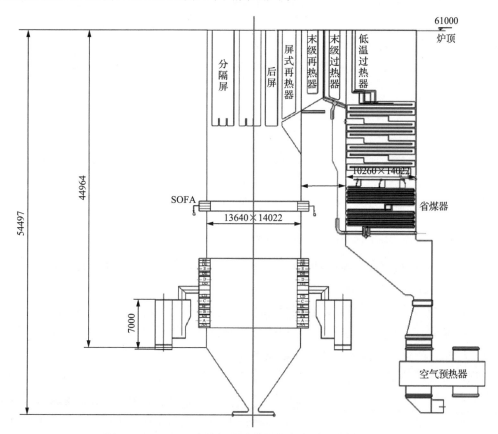

图 5-75　330MW 电站锅炉预热燃烧方案总图(单位：mm)

改造前，锅炉 100%负荷时，煤粉从炉膛四角的 A、B、C、D 四层喷口喷入炉内；改造后，煤粉从炉膛四角的 A、B 喷口、预热燃料从炉膛四角的单层喷口喷入炉内。

2. 锅炉性能分析

本部分用数值模拟程序对 330MW 四角切圆锅炉进行了添加预热燃料改造前后的全炉膛三维流动、燃烧、传热及 NO$_x$ 生成模拟计算对比。计算了改造前后设计煤种及预热燃料在满负荷标准工况下的炉内温度、氧气含量、流场和 NO$_x$ 分布，对计算结果进行了分析。

根据锅炉炉膛结构尺寸构建求解区域模型。由于炉膛结构上具有对称性，炉膛内流动和燃烧特性也具有对称性，采用分区网格划分法。在燃烧器出口区域进行网格加密，使用平铺网格自动生成的方式，以便准确模拟该区域的流动特性。锅炉结构及断面网格如图 5-76 所示。

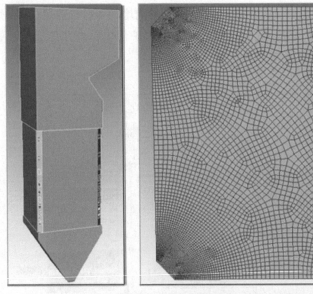

图 5-76　锅炉结构及断面网格示意图

图 5-77 为预热燃烧器喷口(炉膛高度 Z 方向)的温度、速度、CO、CH$_4$、H$_2$ 及 NO$_x$ 分布图。可以看出,温度、速度、CO、CH$_4$、H$_2$ 及 NO$_x$ 分布均呈现明显的切圆对称分布。由于预热燃烧器喷口温度较高,且因煤气的存在,预热燃料的着火距离大幅降低,且形成的切圆较大,火焰充满度较高,燃料燃烧更充分。因预热燃料喷口不携带氧气,还原性气氛较强,故该截面氮氧化物生成量较少。

锅炉融合预热燃烧技术后,炉膛深度方向中心截面的温度、速度、氧气浓度及 NO$_x$ 分布如图 5-78 所示。由图可知,预热燃料喷入后,炉膛火焰充满度增加,火焰中心扩大且有所升高,最高温度有所上升,主燃区域扩大,强还原性气氛区域扩大,NO$_x$ 生成量显著降低。Y 方向中心截面的 NO 最高浓度为 348×10^{-6},出现在主燃区 A、B 层燃烧器喷口区域,预热燃烧器喷口区域的 NO$_x$ 最高浓度为 240×10^{-6}。

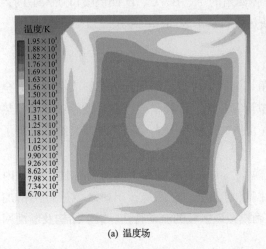

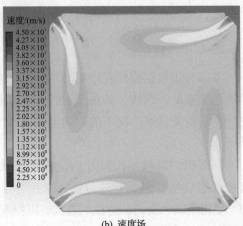

(a) 温度场　　　　　　　　　　　　　　　　　(b) 速度场

(c) CO分布

(d) CH₄分布

(e) H₂分布

(f) NOₓ分布

图 5-77　预热燃烧器喷口截面的温度、速度、CO、CH₄、H₂ 及 NOₓ 分布图

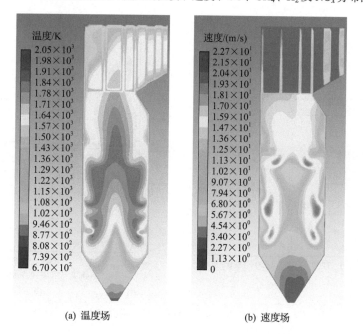

(a) 温度场

(b) 速度场

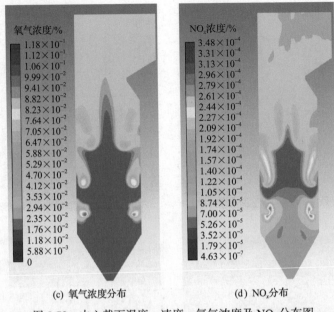

(c) 氧气浓度分布　　　　　　　　(d) NO$_x$分布

图 5-78　中心截面温度、速度、氧气浓度及 NO$_x$分布图

　　图 5-79 为预热改造前后炉膛高度方向平均温度及 NO 对比图。由图可知，预热燃烧器截面平均温度较高，预热燃料喷口内不含氧气，属于强还原性气氛，因此该区域内的 NO$_x$ 排放明显降低，另外，预热燃料的比表面积比正常燃烧方式的煤焦要大，能更好地燃尽。因此，在燃尽风喷口上部的尾端，改造后的温度整体水平要比改造前低，由于预

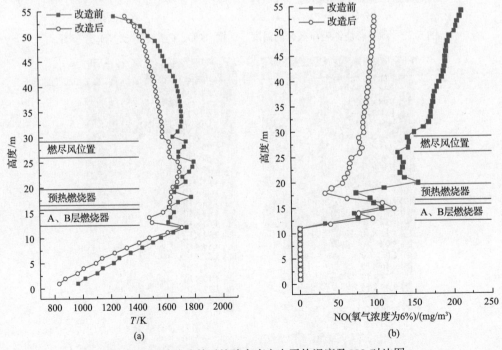

图 5-79　预热改造前后炉膛高度方向平均温度及 NO 对比图

热燃料喷口的强还原性气氛持续地喷入炉膛，扩大了强还原性气氛区域，大幅降低了炉膛上部的 NO 生成。

图 5-80 为预热改造前后炉膛高度方向 CO 浓度分布对比图。由图可知，改造前，A、B、C、D 层燃烧器喷口截面因大量煤粉喷入，升温后释放挥发分物质，CO 浓度有所升高，随着燃烧的进一步进行，CO 浓度随炉膛的高度升高而降低。改造后，关闭 C 层、D 层燃烧器，将等量煤粉通过预热燃烧器转变为预热燃料及预热燃气由预热燃烧器同时喷入炉膛，其中预热燃气含有大量的 CO，因此改造后的预热燃烧器喷口位置的炉膛截面 CO 浓度大幅度增加，并使预热燃烧器往上直至炉膛出口区域处于强还原性气氛。与改造前相比，该区域的 CO 浓度较高，有利于减少 NO 的生成。

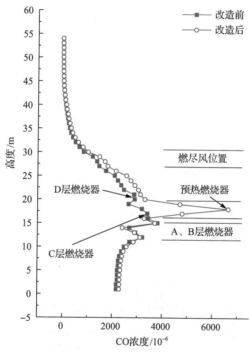

图 5-80 预热改造前后炉膛高度方向 CO 浓度分布对比图

由以上 330MW 四角切圆锅炉的全炉膛三维流动、燃烧、传热及 NO_x 生成的模拟计算可知，锅炉融合预热燃烧技术后，炉膛火焰充满度增加，火焰中心扩大且有所升高，最高温度有所上升，主燃区域扩大，强还原性气氛区域扩大，NO_x 生成量显著降低，出口 NO_x 排放量为 92.3mg/m³，与改造前的 189mg/m³ 相比，改造后 NO_x 生成量降低了 51.16%。

燃煤火电是保障中国电力安全的稳定器和压舱石，燃煤火电装机容量和发电量仍不断增加，燃煤火电的深度灵活调峰是未来发展的必然需求。目前，循环流化床锅炉的负荷变化速率约为 1.0%/min，煤粉锅炉的负荷变化速率约为 1.5%/min。随着国家"双碳"目标的确立和可再生能源发电比例的提升，燃煤火电的负荷变化速率需要进一步提升。

预热燃烧技术因将常规煤粉燃烧转化为高温煤气和高温活性焦炭燃烧，大幅度提升了燃烧速率，电站锅炉大规模采用预热燃烧技术，可显著提升锅炉调频速率，增加可再生能源发电比例，促进国家尽早实现"双碳"目标。

5.3.2 预热燃烧工业窑炉

1. 预热燃烧水泥窑炉应用

我国是水泥生产和消费大国，2020 年全国累计水泥产量为 23.77 亿 t[10]。水泥工业虽然支撑了我国经济发展，但是煅烧水泥熟料的工业窑炉同时也是环境污染的重要源头。

目前，国内外普遍采用的水泥生产工艺为新型干法水泥生产工艺，其中回转窑和分解炉是其工艺环节中的主要设备，新型干法水泥生产工艺见图 5-81。

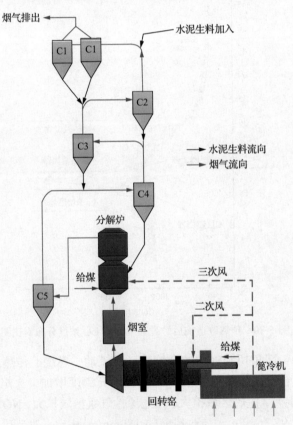

图 5-81 新型干法水泥生产工艺

水泥生料从第一级悬浮预热器 C1 处加入，并与上升的烟气逆流换热，通过 C1~C4 四级换热后，生料温度已经预热至 750~800℃，随后进入分解炉底部。分解炉内燃烧总给煤量的 60%，用以提供生料分解所需的热量。分解炉内的温度稳定在 800~950℃，炉内燃烧属于低温无焰燃烧。燃烧颗粒和生料以流化或悬浮状态分散在分解炉内，两者以较小的温差进行高效传热，既保证了生料分解反应的快速进行也保证了炉内较高的能量利用率。

已经分解的生料从分解炉顶部进入第五级悬浮预热器 C5，随后被分离送入回转窑。为了保证生料烧成反应温度，回转窑内的燃烧温度控制在 1400℃ 以上，回转窑燃煤量占总燃煤量的 40%，生料在此处通过烧成反应及再结晶生成水泥熟料。

水泥窑炉排放的 NO_x 包括两部分，一部分由空气中的氮生成的热力型 NO_x，另一部分由燃料氮生成的燃料型 NO_x，前者与燃烧温度有关，后者与燃料品质有关，产生 NO_x 的设备主要是分解炉和回转窑，其中回转窑贡献 80% 的热力型 NO_x 和 40% 的燃料型 NO_x，分解炉贡献 20% 的热力型 NO_x 和 60% 的燃料型 NO_x。目前，水泥窑炉主要采用的 NO_x 减排技术包括低氮燃烧器技术、分级燃烧技术和二次脱硝技术，但目前水泥窑炉的 NO_x 排放水平依然较高，NO_x 原始排放高于 $300mg/m^3$。

水泥工业总 NO_x 排放量约为 120 万 t，占全国 NO_x 排放总量的 10%～12%[11]，具有区域性高强度污染的特点，加剧了局部大气污染，引发了局部雾霾天气，严重危害大气环境和人类健康。我国现行水泥工业大气污染物排放标准规定，一般地区 NO_x 排放不高于 $400mg/m^3$，重点地区 NO_x 排放不高于 $320mg/m^3$[12]。从全球范围内来看，我国水泥工业大气污染物排放标准已经与国际接轨，甚至严于部分发达国家。然而，面对日益严峻的环保压力，一些地区针对水泥窑炉相继出台了更高的 NO_x 排放标准，例如，山东、河南、河北、安徽、浙江、江苏等地将标准提高到了 $100mg/m^3$，唐山市更是提高到了 $50mg/m^3$[13]，但主要采用先生成后治理的技术路线，即 SNCR 和 SCR 联合脱除，存在氨逃逸二次污染和运行成本高的问题。水泥工业实现低成本洁净生产和超低排放是绿色转型发展的迫切需求。

利用流态化自预热技术原理，煤粉进入回转窑和分解炉前，首先在预热燃烧器内完成高温预热和燃料改性增活，高温预热燃料再分别喷入回转窑和分解炉，其工艺流程见图 5-82。

采用煤粉先预热再燃烧的方式，煤粉预热过程在强还原性气氛下进行，可提前将煤中的部分燃料氮向氮气转化，即提前脱氮；同时煤预热过程中，颗粒特性改变，预热半焦的比表面积增加，反应活性增强，预热燃料在回转窑或分解炉中燃烧时，预热燃料的煤气和焦炭均可与 NO_x 发生还原反应，从而大幅度降低水泥窑炉 NO_x 原始排放水平，助推水泥窑炉清洁生产和绿色转型。

2. 预热燃烧冶金窑炉应用

钢铁行业作为我国国民经济发展的支柱产业，涉及面广，产业关联度高，向上可以延伸至铁矿石、焦炭、有色金属等行业，向下可以延伸至房地产、汽车、船舶、家电、机械、铁路等行业。2022 年我国生铁产量为 86383 万 t，粗钢产量为 101300 万 t，钢材产量为 134034 万 t[13]，近年来我国钢铁产量见图 5-83。

由于中国 90% 以上的钢铁采用"高炉-转炉"长流程工艺生产，钢铁工业的能源和资源消耗大，排污环节多，污染物成分复杂、种类繁多，对大气污染带来了严重影响。中国钢铁工业的主要空气污染物有二氧化硫(SO_2)、氮氧化物(NO_x)、细颗粒物(PM2.5)和挥发性有机物(VOC)等。自从 2017 年中国完成对火电行业的超低排放改造后，钢铁行业就成为中国工业部门的最大空气污染物排放源。2018 年数据统计表明，中国钢铁工业 SO_2、NO_x 和细颗粒物的排放量已达到 105 万 t、163 万 t 和 273 万 t，分别占中国总排放量的

6%、9%和19%[14]。

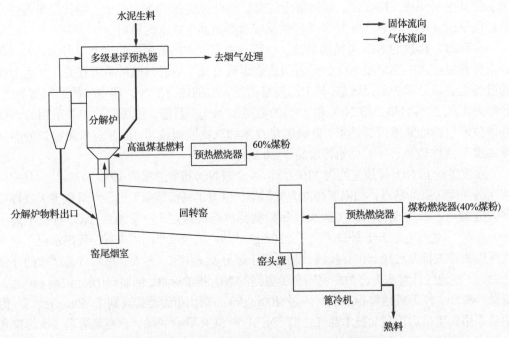

图 5-82　2500t/d 耦合预热的水泥窑生产工艺流程

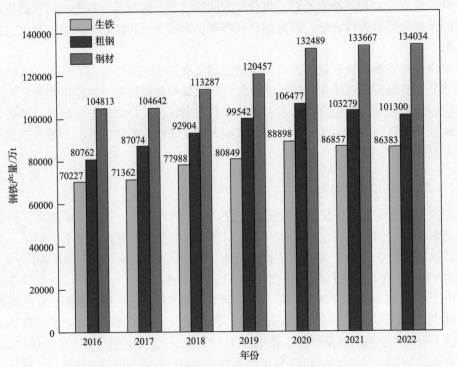

图 5-83　近年来我国钢铁产量分布图[13]

《2030 年前碳达峰行动方案》中提出，推广先进适用技术，深挖节能降碳潜力，推动钢铁行业碳达峰。1980～2021 年 40 余年，钢铁行业能效水平大幅提升，吨钢综合能耗由 1980 年的 2040kg 标准煤下降到 2021 年的 549.24kg 标准煤，下降率为 73.1%。但中国吨钢综合能耗依然较高，"十四五"时期，钢铁行业节能提效水平需超过 30%，同时完成 5.3 亿 t 钢铁产能超低排放改造[15]。

　　预热燃烧具有燃料适应性广的技术特征，不但可用煤作为燃料，而且可燃用生物质、污泥等。若将预热燃烧器应用到钢铁行业，则有利于促进钢铁行业的节能和污染物减排。图 5-84 是预热燃烧器应用在高炉的工艺设想，即改变煤粉直接喷入高炉方式，煤、生物质、污泥等经流态化预热和改性，预热改性燃料喷入高炉内发生燃烧和化学反应。

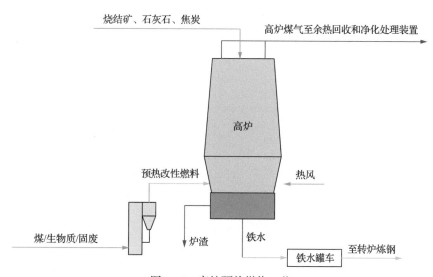

图 5-84　高炉预热燃烧工艺

　　因预热燃料燃烧速率提高，冶金窑炉采用预热燃烧技术有望提高产能和降低 NO_x 排放水平。此外，预热燃烧技术在玻璃、有色、石油化工等行业均存在较大的应用前景。

参 考 文 献

[1] 欧阳子区, 满承波, 李增林, 等. 35t/h 纯燃超低挥发分碳基燃料预热燃烧锅炉运行特性研究[J]. 华电技术, 2020, 42(7): 50-56.

[2] 张锦萍, 王长安, 贾晓威, 等. 半焦-烟煤混燃特性及动力学分析[J]. 化工学报, 2018, 69(8): 3611-3618.

[3] 满承波, 朱建国, 吕清刚, 等. 100t/d 气化飞灰预热燃烧锅炉设计与运行[J]. 洁净煤技术, 2021, 27(3): 88-93.

[4] 满承波, 高超, 欧阳子区, 等. 40t/h 煤粉预热燃烧锅炉运行和低 NO_x 试验研究[J]. 热力发电, 2021, 50(9): 160-166.

[5] 沈跃云, 高小涛. 燃煤电站锅炉运行过程中 NO_x 排放的预测方法[J]. 江苏电机工程, 2011, 30(6): 73-76.

[6] de Soete G. Overall reaction rates of NO and N_2 formation from fuel nitrogen[J]. Symposium on Combustion, 1975, 15(1): 1093-1102.

[7] Hill S C, Smoot L D. Modeling of nitrogen oxides formation and destruction in combustion systems[J]. Progress in Energy and Combustion Science, 2000, 26(4): 417-458.

[8] 邓建军, 李洪林. 煤中氮元素化学赋存形态及热迁徙规律的研究进展[J]. 热力发电, 2008, 3: 12-17, 78.

[9] 丁鸿亮, 欧阳子区. 气化细粉灰预热无焰燃烧煤氮转化与 NO_x 排放特性[J]. 洁净煤技术, 2021, 27(3): 70-80.

[10] 陈飞, 娄婷. 2020 年中国水泥行业 "走出去" 调研报告[J]. 中国水泥, 2021(5):6.

[11] 李森. 水泥炉窑氮氧化物排放控制最新研究进展[J]. 燃烧科学与技术, 2020, 26(5): 8.

[12] 环境保护部, 国家质量监督检验检疫总局. 水泥工业大气污染物排放标准: GB 4915—2013[S]. 北京: 中国环境科学出版社, 2014.

[13] 国家统计局. 中华人民共和国 2022 年国民经济和社会发展统计公报[EB/OL]. (2023-02-28)[2023-07-17]. http://www.stats.gov.cn/sj/zxfb/202302/t20230228_1919011.html.

[14] 张建良, 尉继勇, 刘征建, 等. 中国钢铁工业空气污染物排放现状及趋势[J]. 钢铁, 2021, 56(12): 9.

[15] 中华人民共和国国务院. 国务院关于印发 2030 年前碳达峰行动方案的通知[EB/OL]. (2021-10-26)[2023-01-05]. http://www.gov.cn/zhengce/content/2021-10/26/content_5644984.htm.